破解人体的密码

RENTI GOUZAO
人体构造

夏长丽　编写

吉林出版集团股份有限公司

图书在版编目（CIP）数据

破解人体的密码：人体构造 / 夏长丽编写. —— 长春：吉林出版集团股份有限公司，2013.1
（校园必读丛书 / 李春昌主编）
ISBN 978-7-5534-1400-3

Ⅰ．①破… Ⅱ．①夏… Ⅲ．①人体结构－青年读物②人体结构－少年读物 Ⅳ．①Q983-49

中国版本图书馆CIP数据核字(2012)第316559号

破解人体的密码：人体构造

编 写	夏长丽	
策 划	刘 野	
责任编辑	李婷婷	
封面设计	贝 尔	
开 本	680mm×940mm　1/16	
字 数	116千字	
印 张	8	
版 次	2013年 7月 第1版	
印 次	2018年 5月 第4次印刷	

出 版	吉林出版集团股份有限公司
发 行	吉林出版集团股份有限公司
地 址	长春市人民大街4646号
	邮编：130021
电 话	总编办：0431-88029858
	发行科：0431-88029836
邮 箱	SXWH001100@163.com
印 刷	黄冈市新华印刷股份有限公司

书 号	978-7-5534-1400-3
定 价	22.00元

目录

请勿随地吐痰
NO SPITTING

人体的防线——皮肤

　　李晓明在课间休息的时候不小心摔了一跤，腿上的皮肤有一点蹭伤可是并没有流血。尽管如此，还是疼得他龇牙咧嘴。当他一瘸一拐地走进教室的时候，张老师已经准备开始上课了。看到李晓明的表情，张老师关切地问：“李晓明，你怎么了？”李晓明把事情的原委讲述了一遍，张老师看了看他的腿，示意他回到座位上。

　　开始上课了，张老师对全班同学提出一个问题：“同学们是否经历过跟李晓明同样的事情，皮肤蹭伤或擦伤后并不流

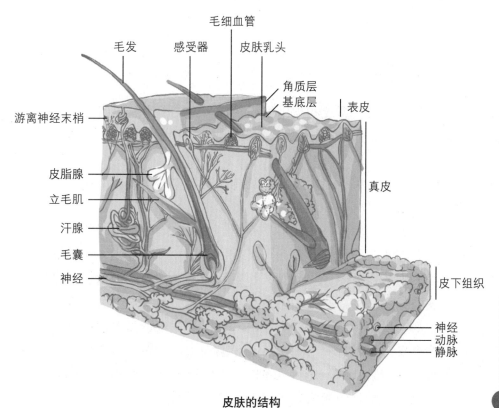

皮肤的结构

血，有没有同学想过这是为什么呢？我们今天就看看皮肤是如何帮助我们抵御'外敌'入侵的，好吗？"

皮肤的作用

　　皮肤总重量占体重的5%～15%，总面积为1.5～2平方米，厚度因人或部位的不同而异，一般为0.5～4毫米。最厚的皮肤是足底部，眼皮上的皮肤最薄。皮肤是人体最大的器官，覆盖在人体表面，主要具有保护身体、排汗、感觉冷热和压力的功能，使体内各种组织和器官免受物理性、机械性、化学性和病原微生物的侵袭。皮肤具有两个方面的屏障作用：一方面防止体内水分、电解质和其他物质丢失；另一方面阻止外界有害物质的侵入。皮肤使人体内环境保持稳定，在生理上起着重要的保护功能，同时皮肤也参与人体的代谢过程。皮肤有白色、黄色、红色、棕色和黑色等颜色，因人种、年龄和部位不同而异。

皮肤的构成

　　皮肤由表皮、真皮和皮下组织构成，并含有附属器官（汗腺、皮脂腺、指甲和趾甲），以及血管、淋巴管、神经和肌肉等。

1.表皮

　　表皮分为角质层和生发层。角质层在表皮的最外层，由数层已经角质化的细胞组成，细胞排列紧密，起到保护作用，细胞每天都要以"皮屑"等形式脱落。角质层下面是生发层，细胞有很强的分裂增生能力，会不断向外推移，对角质层脱落的细胞进行补充。这一过程就是皮肤的生理性再生。皮肤受到伤害后的修复称为"补偿性再生"。当表皮浅层受伤时，修复后不会留下疤痕；当伤及深部时，则会留下疤痕。如果皮肤损伤面积较大且深，则修复较慢；当大面积烧伤时，则需要植皮。生发层中还有一些黑色素细胞，能够产生黑色素，可以吸收日光中的紫外线，避免过多的紫外线穿透皮肤而损伤内部组织。而且黑色素在受到阳光或紫外线的长期照射后，有向表层细胞转移和增多的趋势，因而使皮肤变黑。由于黑色素细胞分布的范围和数量上的差异，造成世界上人的肤色各不相同。生活在寒带的人皮肤白皙，利于从阳光中吸收紫外线。非洲人的黑色皮肤可以阻挡热带的阳光，减少晒伤和诱发皮肤癌的机会。

2.真皮

真皮由致密结缔组织构成，含有大量的弹性纤维和胶原纤维，还含有丰富的血管和感觉神经末梢。胶原纤维占皮肤干重的70%以上，具有保存水分的能力，皮肤光滑柔嫩、细腻无皱纹就是胶原蛋白在发挥作用。真皮层内的弹性纤维围绕着胶原纤维排列，能够伸展到其原长的2倍，具有弹性大、收缩力强的特点。还有一种网状纤维，是未成熟的胶原纤维，位于毛囊、皮脂腺、小汗腺、毛细血管周围以及基底膜处。正因如此，我们的皮肤柔韧而富有弹性，能够经受一定的挤压和摩擦，有保护内部组织的作用。我们用一只手的手指去按压另一只手的手心，然后放开，刚按下去的时候，手心被按压的部位变白了，松开之后就恢复了红色。这种现象跟我们皮肤的真皮层有着密切的关系。

真皮层内有丰富的血管，人体血液循环中10%的血液要流经皮肤。这对调节体温有非常重要的意义。有时我们腿上的皮肤蹭伤了，但却没有流血，这是因为受伤的是表皮层，没有伤到真皮层的血管。

脸上的油和汗

下午第一节课是体育课，这是王强最喜欢的课。他在球场上恣意奔跑了40多分钟，满头大汗地回到教室准备上下一节课。天气真热，王强的汗不停地流下来，他随手拿起同桌的面巾纸胡乱擦了擦脸，感觉好多了。同桌看了一眼他用过的面巾纸，说道："咦，你脸上怎么油汪汪的？汗不是水吗，怎么还有油？"王强不信，又拿面巾纸在脸上擦了擦，发现还真是，特别是鼻子两侧真是有"油"浮出来。这油是怎么出来的，怎么会和汗一起出来呢？

汗腺

皮肤具有保护作用，同时也具有分泌和排泄的作用。皮肤中的汗腺能够分泌汗液，汗液中绝大部分是水，其中溶解了无机盐、乳酸、尿素和尿酸等代谢产物。汗液使皮肤表面呈现弱酸性，具有一定的抗菌作用。夏天出汗多时，随着水分的大量散失，在皮肤表面会堆积大量的排泄物，如果不及时清洗，就会刺激皮肤并散发异味。冬天皮肤一般不显汗（35℃以上以温热性汗为主），但皮肤的排泄功能并没有停止，仍要注意皮肤卫生。皮肤中还有一些大汗腺，其分泌与温热刺激无关。大汗腺的分泌物量大、浓稠，如果清洗不及时，细菌会大量繁殖，导致有机物腐败，引起异味。

皮脂腺

皮肤中有皮脂腺，位于毛囊与竖毛肌之间，其导管开口于毛囊。腺泡细胞内含有脂滴，细胞解体后形成脂性分泌物，称为"皮脂"。皮脂

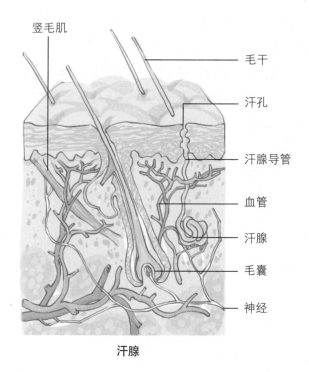

竖毛肌

毛干

汗孔

汗腺导管

血管

汗腺

毛囊

神经

汗腺

顺着毛干经毛孔排出，有滋润毛发和皮肤的作用，同时对皮肤的保温、保湿、防止水和水溶性物质渗入皮肤也起到了一定的作用。进入青春期以后皮脂腺分泌旺盛，这也是我们到了青春期以后脸上起"青春痘"的原因之一。

皮脂腺分泌的皮脂，会在皮肤上形成一层膜，这层膜呈弱酸性，对皮肤来说是天然的面霜，具有很好的保护作用。油性肤质的人比干性肤质的人不容易衰老，就是因为这个原因。

皮肤的类型

我们的皮肤可简单地分为干性皮肤、中性皮肤、油性皮肤三种类型。

1.干性皮肤

具有干性皮肤的人的脸看上去干燥、粗糙，缺乏弹性，毛孔细小，面部肌肤暗沉、没有光泽，易破裂、起皮屑、长斑。但外观比较干净，就是岁数大的人的皮肤容易松弛和产生皱纹。具有干性皮肤的人一定要多喝水、多吃水果和蔬菜，不要过于频繁的沐浴或过度使用洁面乳，应选择碱性度较低的清洁产品。

2.中性皮肤

具有中性皮肤的人的脸看上去皮肤光滑、细嫩、柔软，富有弹性，红润而有光泽，毛孔细小，无任何瑕疵，是最理想皮肤。不过青春期过后仍保持中性皮肤的人很少。

3.油性皮肤

具有油性皮肤的人的脸看上去油光明显、毛孔粗大、有黑头、肤色较深，但弹性不错，不容易起皱纹、衰老，对外界刺激也不敏感。油性皮肤易吸收紫外线，容易变黑，易产生粉刺和暗疮。具有油性皮肤的人要随时保持皮肤洁净清爽，少吃糖、咖啡、刺激性食物，注意补水及皮肤的深层清洁，控制油分的过度分泌，调节皮肤的平衡。

奶奶脸上的皱纹

张晓文在想人脸上为什么会出现皱纹呢？忽然耳边传来了熟悉的歌声：我怕来不及，我要抱着你，直到感觉你的皱纹有了岁月的痕迹……唉，怎么才能不长皱纹呢？张晓文决定利用上计算机课时的上网时间查一查皱纹是怎么形成的。

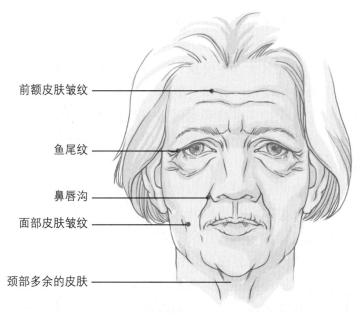

前额皮肤皱纹

鱼尾纹

鼻唇沟

面部皮肤皱纹

颈部多余的皮肤

皱纹的类型

皱纹形成的原因

皱纹的形成有很多原因，主要原因是皮肤受到外界环境影响，真皮层内的胶原蛋白被破坏，造成皮肤表皮层不均一的塌陷，从而产生了我们熟悉的皱纹。胶原蛋白在皮肤中如支架和"弹簧"一般支撑着皮肤，一旦"弹簧"断了，表皮和真皮组织塌陷，就出现了皱纹。皱纹是渐渐出现的，出现的顺序依次是前额、上下眼睑、眼外眦、耳前区、颊部、颈部、下颌和口周。

皱纹的类型

老年人面部的皱纹可以分为萎缩皱纹和肥大皱纹两种类型。萎缩皱纹是指出现在稀薄、易折裂和干燥皮肤上的皱纹，如眼部周围无数细小的皱纹；肥大皱纹是指出现在油性皮肤上的皱纹，数量不多，纹理密而深，如前额、唇周围、下颌处的皱纹。

胶原蛋白的作用

胶原蛋白是人体延缓衰老必须补足的营养物质，占人体全身总蛋白质的30%以上，一个成年人的身体内约有3千克胶原蛋白。无论是对于美容保养，还是对于人体健康，胶原蛋白都发挥着重要意义。它广泛地存在于人体的皮肤、骨骼、肌肉、软骨、关节和头发组织中，起着支撑、修复、保护三重抗衰老作用。牛蹄筋、猪蹄、鸡翅、鸡皮、鱼皮、玉米和软骨等食物中都含有胶原蛋白。多吃这类食物可以在一定程度上补充胶原蛋白，能够滋养皮肤，保持皮肤具有弹性不粗糙，但是这些普通食物中的胶原蛋白都是大分子蛋白质，并不能被人体直接吸收，而且这类食物大多脂肪含量较高，会引起身体发胖。补充胶原蛋白还可以通过皮下直接注射，也就是常说的美容手法。皮下注射胶原蛋白主要用于填充较深的皱纹，皮肤损伤造成的缺损（如青春痘疤）和修补脸形的缺陷等。其效果立竿见影，但注射到皮肤内的胶原蛋白会被人体逐渐吸收，其功效只能维持半年至一年，而且少数人群可能会出现过敏和感染等副作用。一定要到专业级的整形医院进行注射，以免出现意外。

鸡皮疙瘩是怎么一回事

郝玲玲最近神经一直都很紧张，在教室里有时候同学不经意碰了她一下，都会把她吓一跳。这不，下课的时候，孙勇在后面拍了她肩膀一下，竟然把她吓得大叫了起来，"快把我吓死了，我胳膊上都起鸡皮疙瘩了。"她边说还边把袖子卷起来，让孙勇看自己的胳膊，果然一个个的鸡皮疙瘩还没消退呢。人能被吓出一身鸡皮疙瘩，遇到冷刺激时也会起鸡皮疙瘩。这是为什么呢？

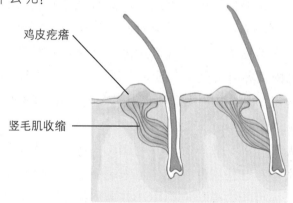

鸡皮疙瘩

竖毛肌收缩

鸡皮疙瘩形成的原因

鸡皮疙瘩出现的原因

这是一种常见的现象，我们皮肤的每根汗毛下面都有一个小肌肉，叫做竖毛肌。寒冷及其他原因引起竖毛肌收缩，压迫皮脂腺，使之分泌，在皮肤表面上就会出现粟粒大小的隆起。同时，上面的汗毛也会竖起来，这就是我们所说的鸡皮疙瘩。

鸡皮疙瘩的作用

在动物身上我们也能够看到类似的情况：猫或狗在恐惧和愤怒

时，身上的毛发会直立，这样会使自己显得体型较大，从气势上压制对方。原始人可能也是如此。现代人已经不需要用毛发直立来吓跑敌人，也没有浓密的体毛来覆盖身体，所以这个"鸡皮疙瘩"的作用明显减小，只是由于进化不完全，这个特征还没有消失。

当我们遇到寒冷时，"鸡皮疙瘩"有利于缩小毛发和皮肤间的间隙，隔绝热量散出，起到调节体温的作用。寒冷的时候穿得暖和一些，让自己身处安静的环境中以避免惊吓，都可以减少产生鸡皮疙瘩。

让人起鸡皮疙瘩的恐怖小说

适度地观看恐怖题材的电影或小说有助于消除心中的郁闷和压力，是效果不错的情绪疏解渠道，但同时也是对现实的逃避，如果发泄过了头，对恐怖片上瘾，就会对心理产生负面影响。中小学生因为猎奇心强、学习压力大等原因，对恐怖文化很容易产生兴趣。这类作品有意将恐怖世界引入现实生活，不利于青少年的身心健康。

心理专家的调查显示，恐怖小说对人的正面影响仅占20%左右，甚至低于20%，而负面的影响则占80%以上，所以恐怖电影、恐怖小说对人体的弊大于利。不敢一个人乘电梯、不敢一个人上厕所、晚上不敢一个人回家，有这些现象的孩子越来越多。这些还未成年、辨别能力差的孩子，很可能去模仿电影中一些虚幻的情节，以致对现实社会产生错误的认识。我们要尽量少看恐怖电影和小说，减少身上起鸡皮疙瘩的次数。

破解人体的密码：人体构造

神奇的斗——指纹

课间，张老师发现班上的部分同学聚在一起互相看着手指，她好奇地走近几个同学，听见一个学生说："哈，我有两个斗，你只有一个，一斗穷二斗富……"原来同学们在手指上找"斗"呢。张老师看了看大家："同学们，大家今天找的斗实际上是什么呀？""是指纹！"有人回答道。"是的，"张老师说："那大家知道指纹是怎么形成的，指纹的形状都有哪些吗？"同学们都不是很清楚。张老师说："这样吧，大家回去查找一下资料，自己写一篇科普小读物，揭开人类指纹的秘密。"

斗形纹　　　　左箕形纹　　　　右箕形纹　　　　弓形纹

指纹形成的过程

人的皮肤由表皮、真皮和皮下组织三部分组成，指纹就是表皮上突起的纹路。在皮肤发育过程中，虽然表皮、真皮和基质层都在共同成长，但柔软的皮下组织生长速度比相对坚硬的表皮快，因此会对表皮产生源源不断的上顶压力，迫使长得较慢的表皮向内层组织收缩塌陷，逐渐变弯打皱，以减轻皮下组织施加给它的压力。如此一来，一方面使劲向上攻，另一方面被迫往下撤，导致表皮长得弯弯曲曲，坑洼不平，形成纹路。这种变弯打皱的过程随着内层组织产生的上层压力的变化而波动起伏，形成凹凸不平的脊纹或皱褶，直到发育过程终止，最终定型为至死不变的指纹。

指纹的独特性

由于遗传的关系，虽然指纹人人都有，但是各不相同，据说现在还没有发现两个指纹完全相同的人呢。我们可以观察一下自己的指纹，可以分好几种，有的纹线为同心圆或螺旋纹路，看上去像水中的漩涡，这就是我们常说的斗，称为"斗形纹"；有的纹线是一边开口的，就像农村使用的簸箕，称为"箕形纹"；有的纹线像弓一样，称为"弓形纹"。指纹在胎儿第三四个月便开始产生，到第六个月左右就形成了。当婴儿长大成人，指纹只不过是放大增粗，纹样是不变的。

指纹的作用

中国人最早发现了指纹因人而异。据史书记载，早在3000年前的西周，中国人已利用指纹来签文书、立契约了，这些我们在影视作品中经常看到。中非洲的一些土著部落在1000年前也会运用指纹订立契约，不过他们不像中国人使用大拇指，而是用食指。指纹还可以帮助警察破案，据说，在100多年前，警察就开始利用指纹破案。由于在人的手指和手掌面的皮肤上，存在大量的汗腺和皮脂腺，只要生命活动存在，就不断地有汗液和皮脂液排出，因此，只要手指和手掌接触到物体表面，就会像印章一样自动留下印痕。警察可以通过提取对比指纹来破案。近年来，指纹又和电子计算机成了好朋友。目前很多商家都利用指纹独一无二的特性，研制出一些高科技的设备，来体现指纹给生活带来的方便和安全，比如指纹锁、指纹门禁、指纹考勤机、指纹采集仪、指纹保险柜和网络指纹登陆技术等。据调查，国内很多高档智能小区都装有指纹锁和指纹门禁。最早的指纹设备是指纹考勤机，公司人事管理者为了杜绝员工代打卡，纷纷采用指纹考勤机。同时，中国首家网络指纹登陆技术提供商已推出测试版，有望解决网络账号安全性问题。

指甲和美甲

"美甲30元起，一个月不掉色""光疗美甲套餐特价75元"……无论我们是在商场购物，还是在商业街闲逛，这类美甲的广告随处可见，美甲店越开越多，不少人都成为美甲一族。杨静看到很多商场里有美甲专柜，各种假的指甲以及各种颜色的指甲油都很漂亮，她也想试试，但是妈妈说："到底美不美，各人观点不同，既然有这么多阿姨和姐姐去做，想来她们认为很美，可是你适合做吗？"

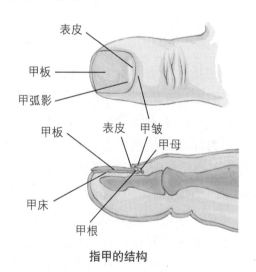

指甲的结构

指甲的作用

指甲作为皮肤的附件之一，有着其特定的功能。它就像一块"盾牌"，能保护末节指腹免受损伤，维护其稳定性，还能增强手指触觉的敏感性，协助手做抓、挟、捏、挤等动作。健康人的指甲，甲色均匀，呈淡粉红色，甲质坚韧，厚薄适中，软硬适度，不易折断，表面光滑，有光泽，无分层和纹路等，甲缘整齐，无缺损。健康人的指甲下部一般都有白色的月牙形，称为"甲弧影"，如果五个指头都有月形，那是最佳的，没有月形不好，月形过大也不好。

美甲的危害

女性在做美甲的过程中，特别是装水晶甲时，需要用砂条修正指甲，再用钝器除去甲小皮。这样会对甲板和甲皱襞造成微小的损伤，如果感染上致病性真菌，就会引起手癣、足癣和灰指甲等疾病。指甲表层还有一层像牙齿表层釉质一样的物质，能保护其不被腐蚀。美甲时要把指甲表层锉掉，手指失去了保护层，就对酸性或碱性物质的腐蚀失去了抵抗力。经常美甲会引起指甲断折，颜色发黄或发黑。

一些美甲产品含有挥发性溶剂，如乙醇和甲醛，这些溶剂剥夺了健康指甲所需的重要营养元素。很多美甲油和去甲水还含有丙酮成分，丙酮除了会让指甲变得脆弱之外，还会在指甲上留有一层白色雾状物。

很多女孩子留长指甲是为了好看，但长指甲很难保证卫生。指甲里面藏有很多微小的细菌，即使每天清洁指甲也很难清除干净。留长指甲是不卫生的表现，如果用留着长指甲的手拿东西吃很容易把细菌带到体内而生病。男同学留长指甲不但不卫生，一伸手就给人一种不正式、不能登大雅之堂的感觉，所以要多注意个人仪表和卫生！

另外，我们可以通过观察指甲提前发现一些体内疾病。指甲出现横道和纵道，凹沟，翻曲，向上翻起，即指甲向着手背的方向翘起来等现象，这说明身体出现了异常，应及时到医院诊治。但是刷上漂亮的指甲油，贴上耀眼的水晶甲，这些变化就看不到了，会影响对某些疾病的判断。

虽然爱美之心人皆有之，但是要看对我们的健康是不是有影响。整洁健康，散发着自然光泽的指甲才是最漂亮的！

我的学生头

玲玲很想报考家附近的一所重点高中，觉得在这样的学校学习是一件很自豪的事情，同时也是对自己三年初中学习的认可。可是每次玲玲看到这所高中放学的时候，就忍不住地烦恼。这所学校规定，全体同学都要留学生头，特别是女生，长发必须要扎成马尾；短发刘海不超过眉毛，鬓发不超过耳朵；不准烫发和染发。玲玲就不理解了，我是想到学校学习的，为什么要规定我的头发的式样呀？这种小事情自己都做不了主吗？

学生头的优点

中学生都是比较活泼好动的，长头发不扎起来，运动时妨碍很大，天热时容易起痱子，经常梳洗打理耽误时间。留长发的同学在学习时，有时下垂的头发会随着头的活动溜到面前挡住视线，于是同学们就得把头发恢复原位：有的简便地用手轻拨；有的快速地把头往后外侧甩头发；有的动作夸张，要先稍低头，然后手向后理头发的同时，头发顺势向后外方转个圈。由于头发都

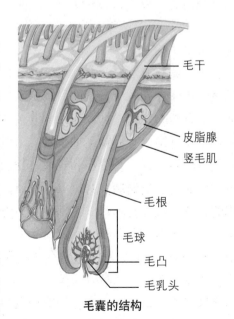

毛干
皮脂腺
竖毛肌
毛根
毛球
毛凸
毛乳头

毛囊的结构

爱滑在一侧，甩发的动作久而久之就变成习惯性的下意识动作。甩发是反复、长期、单侧的颈椎运动，容易使颈部劳损而引起病症。学校关于"学生头"的规定也是从学生健康的角度出发的。

烫发和染发

头发由发根和发干组成，露出头皮的部分是发干，在头皮下面的部分是发根，被包裹在毛囊内。在青少年时期对头发进行染烫，会对头发造成一定程度的损害，甚至引起一些疾病。

1.烫发

烫发是用强碱性的烫发剂破坏头发的组织，形成新发型。烫完发后，头发干枯发涩，没有光泽。在烫发时所用的化学药水难免不会碰到皮肤，会导致头皮增多，严重时还会出现脱发。而且对于具有过敏性体质的人来说，烫发容易引发皮肤过敏。此外，烫发剂中的一些化学成分对人体肝肾等内脏还会造成一些伤害。

2.染发

染发最多见的不良反应是皮肤过敏反应。一些人在染发初期可能不会发生过敏反应，但在经过数次染发之后，就可能发生过敏反应。染发的时间越长，发生过敏的几率就会越高。

染发次数过多会导致脱发。头皮受到的刺激会引起头皮和毛囊的发炎，久而久之会导致毛囊萎缩，危害不断加大，头发由粗变细，最后脱落。染发能导致发质改变，染发的过程会导致头发中水分失衡，并造成大量蛋白质变性和减少，从而导致头发变脆。染发还能使头发纤维断裂，进而失去自然的柔软、韧性和光泽的美感。染发次数越多，损伤越严重。染发剂中含有铅，长期频繁地染发，会造成铅中毒。铅中毒除了会出现类似神经衰弱的症状、肠绞痛和贫血之外，还会出现肌肉瘫痪，累及肾脏，严重的可能会发生脑病，甚至危及生命。染发还会殃及婴幼儿，孩子搂着妈妈的脖子，抚弄着妈妈的头发，手会受到铅的污染，然后他们吮手指、拿零食吃，会出现食欲缺乏、便秘和失眠的症状，还会影响智力。另外，经检测，90%以上的染发剂都含有苯胺和硝基苯等一些有毒物质，会导致头痛、头昏、无力、失眠、多梦等，有时还会产生心动过缓或过速、多汗、消化障碍等，重者还可能有周围神经的损害，出现感觉异常、肢端麻木等症状。接触染发剂时间较长者可能发生溶血性贫血或中毒性肝炎。此外，有资料显示染发剂会增加患白血病和癌症的几率。

看了这么多的资料，玲玲也慢慢理解了"学生头"，她对妈妈说："其实学生头也挺好看的，不是吗？"

可怕的骨架

　　于晓东的叔叔是骨科的一名医生，晓东也很崇拜叔叔，他最喜欢翻看叔叔的医学专业书籍，常常念叨着将来自己也要成为叔叔那样的医生。一天他找到一本《人体解剖学彩色图谱》，翻开一看里面都是彩色的图片，还有一些很"吓人"，比如那个被叔叔做了很多记号的"骨架"。于晓东的心里说不上是害怕还是好奇，对着图上标示的文字居然聚精会神地看了好半天。叔叔走进房间的时候，晓东还在认真地看着。"哟，你还真想学医呀？"叔叔摸着晓东的头也坐了下来。"刚开始看着可怕，现在还好。叔叔，我们身上的骨头就是这个样子

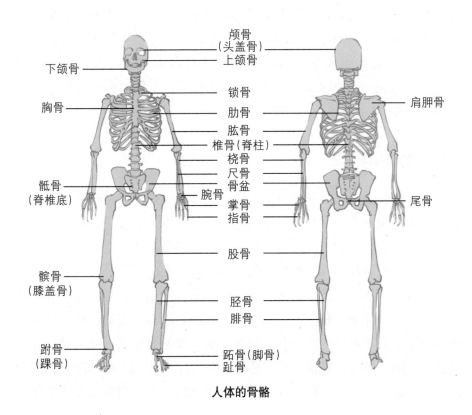

颅骨（头盖骨）
上颌骨
下颌骨
锁骨
胸骨
肋骨
肱骨
椎骨（脊柱）
桡骨
尺骨
骨盆
腕骨
掌骨
指骨
骶骨（脊椎底）
肩胛骨
尾骨
股骨
髌骨（膝盖骨）
胫骨
腓骨
跗骨（踝骨）
跖骨（脚骨）
趾骨

人体的骨骼

的吗？就跟这些图上的一样吗？"晓东好奇地问。叔叔看着晓东，说："好吧，我就给你讲讲吧。"

骨骼的组成

成人骨架由206块骨组成。骨与骨之间一般用关节和韧带连接起来。除6块听小骨属于感觉器外，其余骨按部位可分为23块颅骨、51块躯干骨和126块四肢骨，其中颅骨和躯干骨统称为"中轴骨"。

骨骼的分类

由于功能不同，骨具有不同的形态，可以分为长骨、短骨、扁骨和不规则骨等四类。长骨多分布于四肢，在运动中起杠杆的作用。人体最长的骨是股骨，即大腿骨，通常占人体高度的1/4左右，有记录的最长腿骨为75.9厘米。短骨多分布于腕部和足部，主要起支持作用。扁骨分布于头和胸等处，常围成腔，具有保护和支持重要器官的作用，如颅骨能够保护脑。不规则骨功能多样，多数形态不规则，如椎骨和上颌骨等。

骨骼的作用

人体的骨骼对人体起支持的作用，人体不同的骨骼通过关节、肌肉和韧带等组织连成一个整体，支撑起身体。假如人类没有骨骼，那只能是瘫在地上的一堆软组织，不可能站立，更不能行走。骨骼还有保护作用，人类的骨骼如同一个框架，保护着人体重要的脏器，使其尽可能地避免外力的干扰和损伤。例如，颅骨保护着大脑组织，脊柱和肋骨保护着心脏和肺，骨盆骨骼保护着膀胱和子宫等。没有骨骼的保护，外来的冲击和打击很容易使内脏器官受损伤。最重要的是骨骼还有运动功能，骨骼与肌肉、肌腱、韧带等组织协同，共同完成人的运动功能。骨骼为运动提供必需的支撑，肌肉和肌腱提供运动的动力，韧带的作用是保持骨骼的稳定性，使运动得以连续的进行下去。所以，我们说骨骼是运动的基础。

骨骼与性别的关系

我们可以通过用肉眼观察骨骼的形态差异来初步判定其性别。一般而言，男性骨骼比较粗大，表面粗糙，肌肉附着处的突起明显，骨密质较厚，骨质重；而女性骨骼比较细弱，骨面光滑，骨质较轻。但长期从事体力活动的妇女，其骨骼与男性无显著差异。这时可以通过骨盆来判别，由于女性承担了生育的任务，因此骨盆上口的尺寸（骨盆内部尺寸）要大一些。这种差异自胎儿期就已呈现出来，性成熟后更加明显。除此之外，颅骨、胸骨、锁骨、肩胛骨和四肢长骨等也存在一定的性别差异。通过人体骨骼可以了解到其性别、年龄、样貌、体质特征和种族属性，甚至食谱和职业等一系列其生前的信息。这些信息往往是考古工作者结合各种方法手段从人体骨骼上直接得到的，这些信息不但能够帮助考古工作者了解某一时代、某一地域的古人类种群特征、样貌和生活习惯等，还能够帮助研究当时的职业分工和阶级形态等。

宁折不弯的硬骨头

于晓东又缠着叔叔给自己讲关于骨头的事情，叔叔拗不过他，只好答应了。晓东很好奇，"为什么那天三楼的孟奶奶在下楼梯的时候摔了一跤，就被送到医院去，听说孟奶奶的腿骨折了。我前几天也摔过一次，除了疼点却什么事都没有呢？"叔叔问道："根据你的经验，老人的骨骼和小朋友的骨骼，哪个柔韧性更好？""当然是小朋友的，电视上总演，杂技团的小孩能把脚放在头后面，可是为什么呢？"叔叔接着解释道："这是因为我们骨骼的化学成分。"

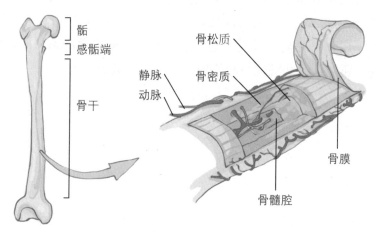

骨松质
静脉
动脉
骨密质
骺
感骺端
骨干
骨膜
骨髓腔

人体的骨骼

骨骼的化学成分

骨不仅坚硬且具一定弹性，抗压力约为15千克/平方毫米，并有同等的抗张力。这些物理特性是由它的化学成分所决定的。骨组织的细胞间质由有机质和无机质构成，有机质由骨细胞分泌产生，约占骨重的1/3，其中绝大部分（95%）是胶原纤维，其余是无定形基质，即由中性或弱酸性的糖胺多糖组成的凝胶。无机质主要是钙盐，约占骨重的2/3，主要成分为羟基磷灰石结晶，是一种不溶性的中性盐，呈细针状，沿胶原纤维的长轴排列。将骨进行煅烧，去除有机质，骨虽然仍可保持原形和硬度，但脆且易碎。如将骨置于强酸中浸泡，脱除其无机质（脱钙），该骨虽仍具原形，但柔软而有弹性，可以弯曲，甚至打结，松开后仍可恢复原状。

有机质与无机质的比例随年龄增长而逐渐变化，幼儿骨的有机质较多，柔韧性和弹性大，易变形，遇暴力打击时不易完全折断，常发生柳枝样骨折。老年人有机质渐减，胶原纤维老化，无机盐增多，骨质变脆，稍受暴力就会发生骨折。

骨折的急救方法

平常生活中常见的骨折是四肢骨折，出现骨折时要及时将伤员送往医院或拨打120。在野外，虽然有一些简单的急救和处理方法，但是最终还要等待救援。

首先要进行伤口的处理，开放性伤口除应及时恰当地止血外，还应立即用消毒纱布或干净布包扎伤口，以防伤口继续被污染。伤口表面的异物要去掉，外露的骨折端切勿推入伤口，以免污染深层组织。有条件者最好用高锰酸钾等消毒液冲洗伤口后再包扎和固定。

现场急救时，及时正确地固定断肢，可减少伤员的疼痛及周围组织继续损伤，同时也便于伤员的搬运和转送。但急救时的固定是暂时的，应力求简单而有效，不要求对骨折准确复位；开放性骨折有骨端外露者更不宜复位，而应原位固定。急救现场可就地取材，如木棍、板条、树枝、手杖和硬纸板等都可作为固定器材，其长短以固定住骨折处上下两个关节为准。如找不到固定的硬物，也可用布带直接将伤肢绑在身上，骨折的上肢可固定在胸壁上，使前臂悬于胸前；骨折的下肢可同健肢固定在一起。

经以上现场救护后，应将伤员迅速、安全地转运到医院救治。转运途中要注意动作轻稳，防止震动和碰坏伤肢，以减少伤员的疼痛，注意其保暖和适当的活动。

脊柱、腰部或下肢骨折的伤者必须用担架运送，搬动伤者前需确认其情况，不能搬动或者挪动伤者肢体，以免造成二次伤害。最后特别强调，如果是颈椎部位的骨折，不当急救操作可使颈部脊髓受损，发生高位截瘫，严重时导致呼吸抑制危及生命。胸腰部脊柱骨折时，不恰当的搬运也可能损伤胸腰椎脊髓神经，发生下肢瘫痪。正确的方法应该是，如果怀疑有脊柱骨折，应就地取材固定伤处，合理搬运伤者。四肢骨折处出现局部迅速肿胀，可能是骨折断端刺破血管引起内出血，可临时找些木棒等固定骨折处，并可对局部用毛巾等压迫止血，千万不要随意搬动伤肢以免造成骨折端刺破局部血管导致出血。

这些急救知识，只能救急，而不能随便对人施救，只有经过专业训练的人员才可以这样做，没有经过训练的人，可能会犯下大错误。在这种情况下，最好还是打120，等着专业人员来。

我又长高了

从2010年12月1日起，根据铁道部的相关规定，我国儿童火车票购买身高，将从原来的1.1~1.5米调整为1.2~1.5米，标志着儿童铁路免票身高增长了10厘米。孙丽丽暑假和爸爸、妈妈出门旅游，买票时发现自己已经不能买半价票了，爸爸妈妈反倒很高兴，齐声夸丽丽又长高了。丽丽回到家后，自豪地对其他小朋友宣布，我又长高了！

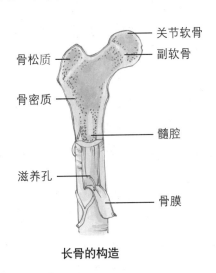

关节软骨
骨松质
副软骨
骨密质
髓腔
滋养孔
骨膜

长骨的构造

人是怎么长高的

人能长高主要取决于人体长骨的发育，尤其是大腿的股骨，以及小腿的胫骨和腓骨等长骨的不断长长。简单地说，长骨是一体两端的结构，在其两端有一层软骨，称为"骺软骨"，这层软骨膜可以分化出两种细胞，分别为成骨细胞和破骨细胞。成骨细胞是生成骨组织的细胞，而破骨细胞是破坏骨组织的细胞。骨的发育是离不开这两种细胞的，一方面破骨细胞要不断破坏已经生成的骨组织，另一方面成骨细胞要不断生成新的骨组织，慢慢地我们的骨就长长、长粗了。青少年生长发育时期骺软骨不断增生，骨干端又不断骨化，使骨得以不断长长。至20岁左右，骺软骨也被骨化，不再增长，骺软骨处形成一条粗糙的骺线，在X光片下可见。骨的长粗离不开骨膜内层不断地层层造骨与改建，其内部骨髓腔也不断造骨、破骨与改建，从而使骨干不断增粗，骨髓腔也不断地扩大。

由于造骨和破骨互相矛盾、互相制约的作用，使骨在长长、变粗的同时，依据内、外环境诸多因素的影响，骨质的构筑得到不断的改建，使骨应用最少的原料而具有高度的韧性和硬度。

决定身高的因素

很多家长都认为孩子身高是"天生的"，这是一种误传。决定身高的因素除了遗传以外，还与营养和运动等因素有关，也与内分泌、心理和睡眠等很多方面的因素有关。

1.遗传因素

人的最终身高主要取决于遗传因素。也就是说，在一般情况下，父母高，子女也高；父母矮，子女也矮。但是，父母身高不是影响子女身高的唯一因素。在生活中也有父母都不高，儿女却很高的情况。

2.营养因素

身高是由营养"堆砌"起来的，而蛋白质是人体主要的"建筑材料"。即使拥有再好的遗传基因，如果营养不良，个子也不会长高，所以吃饭千万不能挑食。目前，一般家庭在有荤有素的饮食中，营养应该是全面及足量的。家长应该注意不要让孩子养成偏食的习惯，更不要让孩子过多地吃零食而影响重要营养物质的摄入，青少年还要经常进行户外活动。婴幼儿可做主动或被动体操；学龄儿童可做向上跳的运动，如跳皮筋、踢毽和各种球类；青少年可做跳高等弹跳运动及全身性运动，如篮球和排球等。举重、杠铃、铅球和铁饼等负重训练，18岁前最好别练。

其他因素

以下几个因素都会影响孩子的正常发育：

（1）性早熟。性早熟的孩子骨骼发育早，但闭合也会提前，最终身高会低于正常发育的孩子。

（2）缺觉。睡眠不足，对身高有重要影响，生长激素在夜间深睡眠时分泌达高峰。3～6岁儿童每天睡10～12小时，小学生和初中生每天睡9～10小时，高中生每天睡8～9小时。为了尽快进入深度睡眠状态，最好在晚上10点之前入睡。

（3）姿势。有些孩子不太注意站、坐、行、读、写的正确姿势，习惯性地低头、端肩、含胸、驼背，致使脊柱变形，会影响长高1～5厘米。

（4）疾病。慢性胃肠炎和心脏病等导致营养吸收障碍的疾病，会使孩子的身体营养不够，身高无法正常增高。还有一些疾病会直接影响身高，例如甲状腺和脑垂体功能低下等。

另外，不要迷信增高补品。现在所谓增高助长的医保用品千万不可盲目使用，如果青少年的骨龄已经成熟，用了也不会有效果；如果青少年还处于青春发育期，滥用这些保健药物可能导致性早熟，反而不利于长高。

神奇的颅骨

　　老师给同学们讲道：在很久之前，科学家想观察和研究人的每一块颅骨，但用了很多方法也不能将颅骨完好地分离出来，不是将颅骨弄破，就是弄碎了。正当科学家们一筹莫展的时候，有人想出一个好办法，他们将种子放进颅腔内，创造条件使其萌发，萌发的种子将颅骨一片片完好分离开来。同学们一方面惊叹于种子萌发的力量，另一方面对老师提到的颅骨产生了浓厚的兴趣。颅骨间的结合有那么紧密吗?都是什么样的骨呢?

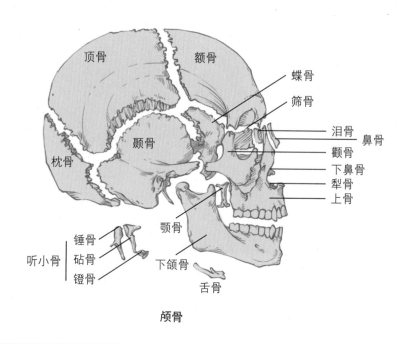

顶骨　额骨　蝶骨　筛骨　颞骨　枕骨　泪骨　鼻骨　颧骨　下鼻骨　犁骨　上骨　颚骨　听小骨　锤骨　砧骨　镫骨　下颌骨　舌骨

颅骨

颅骨的组成和作用

　　其实，颅骨本身并没那么神秘，只是它的构成很复杂而已。人类颅骨通常由29块骨头组成。除了下颌骨，其他骨头之间由骨缝或软骨牢固

破解人体的密码：人体构造

相连，只允许微量的运动，能保护和支持脑和感觉器官等。颅骨分为脑颅骨和面颅骨，脑颅骨互相连接构成容纳脑的颅腔，面颅骨则构成面部的支架。

脑颅骨

脑颅骨有8块，分别是1块枕骨、1块额骨、2块顶骨、2块颞骨、1块蝶骨和1块筛骨。这些骨头共同组成颅腔，整个脑部处于颅腔中。颅腔的顶部称为"颅顶"，颅顶前起眶上缘上方呈弓形隆起的眉弓，后抵上顶线和枕外隆凸，在两侧位置通过上颞线与颞区分界。颅顶的最前方（额头的位置）是额骨，额骨通过冠状缝与后面的两块顶骨紧密结合；两块顶骨之间是矢状缝，顶骨之间还有被称为"顶结节"的光滑隆起，顶骨再通过人字缝与后方的枕骨相连。颅腔底部称为"颅底"，由于人脑与外界的绝大多数联系都是通过颅底部进行的，因此颅底有大量的开口，结构显得相当复杂。从内面观察，颅底部又可进一步区分为三个窝室：颅前窝、颅中窝和颅后窝。

面颅骨

面颅骨共15块，分别是2块上颌骨、1块下颌骨、2块颧骨、2块泪骨、2块鼻骨、2块下鼻甲、2块腭骨、1块犁骨和1块舌骨。其中，只有下颌骨和舌骨借关节或韧带连于颅，其他各骨都互相直接结合在一起。面颅形成了眶、骨性鼻腔和口腔，面颅的最上方为眶部。

颅腔内容纳脑，是人生命活动的最高级中枢，所以我们要好好保护它。

不弯的脊梁

王强同学今天写的命题作文的题目是《不弯的脊梁》。他很快写好了作文，站起来伸了个懒腰，又前后左右晃了一晃身体来放松一下。"咦?"他突然想到，"我的脊背刚才弯了呀!脊梁到底能弯吗?"

第二天上生物课的时候，他对张老师提出了这个疑问。张老师笑着说："不弯的脊梁只是一种象征，是文学上的写法。人的脊梁要是真的不弯，那这个人就有大麻烦了。"到底是怎么回事呢?

脊柱的组成

组成脊柱的单位是脊椎，我们的脊柱是由7块颈椎、12块胸椎、5块腰椎、1块骶骨和1块尾骨组成的，其中最重要的是颈椎、胸椎、腰椎，在它们的下方是一块骶骨，它与骨盆连接在一起。脊柱构成人体的中轴，支持身体，并参与胸腔、腹腔和盆腔的构成，保护体腔内在器官，其中容纳的脊髓，同时还有负重、减震、运动等功能。

颈椎

胸椎

腰椎

骶骨

尾骨

脊柱的组成

脊柱的作用

1.支持作用

为什么说脊柱不弯就麻烦了呢?人体直立时，重心在上部通过齿突，至骨盆则位于第2骶椎前左方约7厘米处，相当于髋关节额状轴平面的后方，膝和踝关节的前方。脊柱上端承托头颅，胸部与肋骨结成胸廓。上肢借助肱骨、锁骨、胸骨和肌肉与脊柱相连，下肢借骨盆与脊柱相连。上肢和下肢的各种活动，均通过脊柱调节，保持身体平衡。

2.保护作用

在人体进化和发育的过程中，脊柱出现了4个矢状面弯曲，分别为两个原发后凸和两个继发前凸。新生儿的脊柱是由胸椎后凸和骶骨后凸形成的向前弯曲，这两个弯曲可以最大限度地扩大胸腔和盆腔对脏器的容量。当婴儿出生时，颈部呈稍凸向前的弯曲。当出生后3个月，婴儿抬头向前看时，即形成了永久性向前凸的颈曲，以保持头在躯干上的平衡。当出生后18个月，幼儿学习走路时，出现了前凸的腰曲，使身体在骶部以上直立。至此，脊柱出现了人类所特有的4个弯曲，使脊柱如同一个弹簧，具有缓冲震荡的能力，加强姿势的稳定性，椎间盘也可吸收震荡，在剧烈运动或跳跃时，可防止颅骨和大脑受损伤。脊柱与肋骨、胸骨和髋骨分别组成胸廓和骨盆，对保护胸腔和盆腔脏器起到重要作用。

3.运动作用

脊柱除有支持和保护作用外，还有灵活的运动作用。虽然在相邻两椎骨间运动范围很小，但多数椎骨间的运动累计在一起，就可进行较大幅度的运动，其运动方式包括屈伸、侧屈、旋转和环转等项。脊柱各段的运动度与椎间盘的厚度和椎间关节的方向等制约因素有关，骶部完全不动，胸部运动很少，颈部和腰部则比较灵活。

听了张老师的介绍，王强明白了，不弯的脊梁是一种文学写法，有着一定的寓意，但是在现实生活中我们的脊柱一定要有4个生理弯曲，帮助我们运动，起到减震的作用。

关节常识知多少

初一（三）班的关健同学在上体育课的时候，和同学们玩单杠时，不小心手滑了，导致一侧肘关节脱臼了。大家看到关健痛苦的样子，都替他担心。120的急救人员来了，还没等大家看清楚呢，关健的胳膊就被"接"好了。关健也是眼中带着泪花儿，根本不知道发生了什么事情。

下面就让我们了解一下与关节有关的知识：

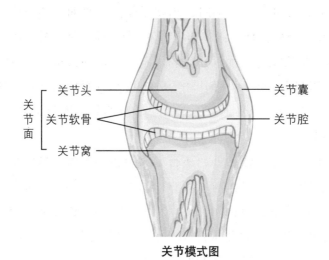

关节模式图

关节头 —— 关节囊
关节面 关节软骨 关节腔
关节窝

关节的组成

骨与骨之间连接的地方称为"关节"，能活动的关节称为"活动关节"，不能活动的关节称为"不动关节"。通常所说的关节是指活动关节，如四肢的肩、肘、指、髋和膝等关节。关节由关节面、关节囊和关节腔构成。关节内的光滑面称为"关节面"，关节囊包围在关节外面，关节内的空腔部分称为"关节腔"。正常时，关节腔内有少量液体，并呈负压状态，能减少关节运动时摩擦。关节周围有许多肌肉附着，当肌肉收缩时，可做伸、屈、外展、内收和环转等运动。

1.关节面

关节面是指构成关节各骨的邻接面。关节面上覆盖有一层很薄的光滑软骨，软骨的形状与骨关节面的形状一致，可减少运动时的摩擦；同时软骨富有弹性，可减缓运动时的振荡和冲击的作用。关节软骨属透明软骨，其表面无软骨膜。通常一骨形成凸面，成为关节头；另一骨形成凹面，成为关节窝。

2.关节囊

关节囊是由独特的纤维组织所构成的膜性囊，密封关节腔。关节囊分为内、外两层，外层为厚且坚韧的纤维层，由致密结缔组织构成。纤维层增厚部分称为"韧带"，可增强骨与骨之间的连接，并防止关节的过度活动。关节囊的内层为滑膜层，薄且柔软，由血管丰富的疏松结缔组织构成，含有平行、交叉、致密的纤维组织，并移行于关节软骨的周缘，与骨外膜坚固连接。滑膜形成皱褶，围绕着关节软骨的边缘，但不覆盖软骨的关节面。滑膜层产生滑膜液，可提供营养，并起润滑作用。

3.关节腔

关节囊与关节软骨面所围成的潜在性密封腔隙称为"关节腔"。腔内含有少量滑膜液，使关节保持湿润和滑润；腔内平时呈负压状态，以增强关节的稳定性。

脱臼

脱臼主要是指关节头从关节窝中滑出，此时关节无法正常活动。儿童的桡骨头尚在发育之中，环状韧带松弛，容易发生桡骨头脱位。青少年适当地进行体育锻炼能加强关节的灵活性和牢固性，但要选择科学适当的锻炼方式，避免关节受伤。我们经常参加体育锻炼，可以增强肌肉韧带的力量，有利于关节稳固性的增强，也可以提高关节的灵活性，对防止关节损伤有积极的作用。保持各关节在正常的活动轨迹中运动，是预防关节慢性劳损的一个重要措施，要掌握科学的训练方法和手段。在遇到摔倒和冲撞等情况下，顺势缓冲是一种很有效且合理的自我保护动作。对于有膝关节炎的人来说，游泳和散步是最好的运动方式，既不增加膝关节的负重能力，又能让膝关节四周的肌肉和韧带得到锻炼。

肌肉

　　小明最近非常迷恋健美，就因为前几天在电视上看到一场健美比赛，里面健美先生身上的肌肉让他很羡慕。可是听说健美不是光举哑铃就可以的，所以小明决定，趁着星期天去图书馆找点资料看看。

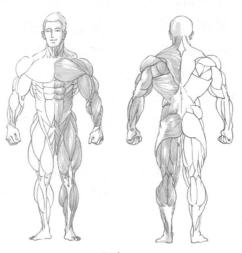

肌肉

肌肉的分类

　　肌肉主要由肌肉组织构成。组成肌肉组织的肌细胞形状细长，呈纤维状，所以肌细胞也被称为"肌纤维"。肌肉组织由特殊分化的肌细胞构成，许多肌细胞聚集在一起，被结缔组织包围而形成肌束，其间分布有丰富的毛细血管和纤维。肌肉的主要功能是收缩，机体的各种动作、体内各脏器的活动都由它完成。肌肉组织主要是由肌细胞构成的，可以分为平滑肌、骨骼肌和心肌三种。

1.平滑肌

　　平滑肌广泛分布于人体消化道和呼吸道，以及血管、泌尿和生殖等系统，能够长时间拉紧和维持张力。这种肌肉不随意志收缩，意味着神经系统会自动控制它们，而无需人去考虑。例如，胃和肠中的平滑肌每天都在收缩和舒张，但我们一般都不会察觉到。

2.骨骼肌

骨骼肌是运动系统的动力部分，在神经系统的支配下，骨骼肌在收缩和舒张中，牵引骨产生运动。人体骨骼肌共有600多块，分布广，约占体重的40%。当健身者通过锻炼增加肌肉力量时，锻炼的就是骨骼肌。骨骼肌附着在骨骼上且成对出现：一块肌肉朝一个方向移动骨头；另外一块朝相反方向移动骨头。骨骼肌还可以分类，头肌可分为面肌（表情肌）和咀嚼肌；躯干肌可分为背肌、胸肌、腹肌和膈肌；上肢肌分为三角肌、肱二头肌和肱三头肌等；下肢肌按所在部位分为髋肌、大腿肌、小腿肌和足肌。

3.心肌

心肌只存在于心脏，它最大的特征是耐力较大和坚固，可以像平滑肌那样有限地伸展，也可以用像骨骼肌那样的力量来收缩。心肌结构与骨骼肌基本相同，但其肌原纤维呈短柱形、较细。心肌不受意识支配，有规律地接受自主神经调节，属于不随意肌。心肌的活动特点是能够自动有节律地兴奋和收缩。

肌肉的构成

肌肉是由一道道钢缆一样的肌纤维捆扎起来的。这些钢缆组合成较粗、较长的缆绳群组，当肌肉用力时，它们就像弹簧一样一张一缩。在这些较粗的肌纤维之内，有肌纤维、神经、血管和结缔组织。每根肌纤维都是由较小的肌原纤维组成的。每根肌原纤维由缠在一起的两种丝状蛋白质（肌凝蛋白和肌动蛋白）组成，这就是肌肉的最基本单位。那些大力士们的大块大块的肌肉，全是由这两种小得根本无法想象的蛋白质组合成的，当它们联合起来以后，就能做出惊天动地的动作来。

人就是靠这些肌肉与自然界作斗争并渐渐改变了自然界，也改变了自身的命运。

人体内的强硬分子——牙齿

　　吴小莉这几天牙疼，什么都不敢吃，俗话说"牙疼不是病，疼起来真要命"，就是这个感觉了。妈妈说是因为小莉特别爱吃甜的食物，睡觉前还吃，并且不认真刷牙，所以就得了龋齿，要上医院去治疗。当小莉躺在牙科医院里样式特别的椅子上时，听到牙科钻一声声地响着，她想："这是要做什么啊？牙那么硬吗？还要用电钻？"

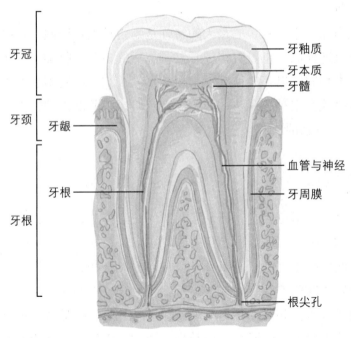

牙冠
牙颈
牙根

牙龈
牙根

牙釉质
牙本质
牙髓

血管与神经
牙周膜

根尖孔

牙体解剖图

什么是牙齿

　　牙齿是存在于很多脊椎动物的颌部（或口部）内、用于咀嚼食物的钙化组织。肉食性动物尤其依赖牙齿进行猎食、搏斗或御敌。牙齿的构成成分不是骨骼，而是由动物体内不同密度与硬度的复杂组织组成。人类牙齿的主要作用是咀嚼食物和帮助发音。

牙齿的分类

人类有两组牙齿。第一组称为"乳牙"（乳齿或奶齿），在婴儿出生后约6个月出现。儿童有20只乳齿，平均上下两排分配。人类在4至10岁之间，将会长出一组永久性的牙齿，称为"恒牙"或"恒齿"。恒齿在乳齿底下形成，把乳齿推出颌骨后取而代之，就是我们所说的换牙。新的一组牙齿共32只。

第三磨牙是指上下两排牙齿最内侧的牙齿，一共4颗，也就是我们常说的智慧齿。智慧齿大部分时候都不会长出，不长出的原因可能是颌骨位置不够，但通常最多是缺少其中一只。由于绝大部分白种人和黄种人的颌骨都不够大，因此为了防止因藏纳食物而导致蛀牙和发炎等问题，以及牙齿的强行长出迫使整副牙齿不整，一般都把智齿拔掉，所以许多人一生只有28颗牙齿。

牙齿的作用

人类的牙齿不仅能咀嚼食物、帮助发音，而且对面容的美有很大影响。由于牙齿和牙槽骨的支持，牙弓形态和咬合关系的正常，才会使人的面部和唇颊部显得丰满。当人们讲话和微笑时，整齐而洁白的牙齿，更能显现人的健康和美丽。相反，如果牙弓发育不正常，牙齿排列紊乱，参差不齐，面容就会显得不协调。如果牙齿缺失太多，唇颊部失去支持而凹陷，就会使人的面容显得苍老和消瘦。

人们常把牙齿作为衡量健美的重要标志之一，牙齿不整齐可以矫正。

吴小莉看到这么多关于牙齿的介绍，捂着刚堵好的牙，暗下决心："我一定好好对待自己的牙齿，以后少吃甜食，勤刷牙，饭后漱口，让它们健康漂亮，再也不到医院来治牙。"

口腔内的搅棒——舌头

　　小刚伸着舌头努力地一下一下舔着水杯里的水。妈妈看见奇怪地问："小刚，你怎么这么喝水呀？"小刚抬起头解释说："刚才看电视里，狮子和狗都是这样喝水的，一舔一舔的，可是我这样喝了半天了，并没有喝到多少水呀。""不同生物的舌头构造是不同的，而且我们的舌头还有很特殊的功能呢。"妈妈解释道。"那是什么呢？"小刚问道。妈妈笑了："这需要你自己去探究呀！"

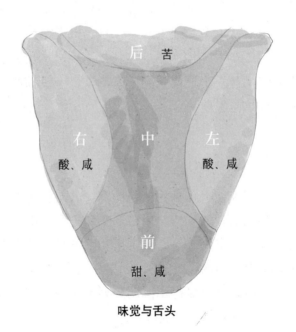

味觉与舌头

搅拌

　　食物进入口腔，由牙齿将食物咀嚼成小碎块，混合上唾液，为了和唾液充分混合（有利于消化），舌头开始像搅拌棒一样开始工作，就像工地上的混凝土搅拌机。舌是口腔底部向口腔内突起的器官，由平滑肌组成，是口腔中的一大束肌肉，帮助品尝、咀嚼和吞咽食物。

感觉味道

舌是味觉器官之一，能辨别酸、甜、苦、咸、鲜味。我们把舌头伸出来，舌的上面称为"舌背"，舌背上有许多细小的舌乳头，包括丝状乳头、菌状乳头、轮廓乳头和叶状乳头。除丝状乳头外，其他三种均有味觉感受器——味蕾。味蕾呈卵圆形花苞状，由支持细胞和味蕾细胞组成，有味孔伸向舌表面，可感受口腔内食物的味觉。不同部位的味蕾可分别感知甜、酸、苦、咸四种味道。味蕾对各种味的敏感程度也不同，人分辨苦味的本领最高，其次为酸味，再次为咸味，而甜味则是最差的。不同的味觉对人的生命活动起着信号的作用，甜味是需要补充热量的信号；酸味是新陈代谢加速和食物变质的信号；咸味是帮助保持体液平衡的信号；苦味是保护人体不受有害物质危害的信号；而鲜味则是蛋白质来源的信号。

体现人体健康状况

舌乳头上皮细胞经常轻度角化脱落，与唾液和食物碎屑混合而形成一层白色薄苔，称为"舌苔"。人的舌苔可因身体情况不同而有不同颜色变化，察舌为中医重要的诊断方法之一。

辅助发声

舌也是人类的辅助发声器官，舌在口腔中的位置不同，我们所发出的声音也是有差异的。特别是在我们学外语的时候，老师总是强调发某个音时舌尖的位置，就是这个原理了。

小刚又想起历史课上老师曾经讲过战国时的著名历史人物张仪，说张仪口才很好，有"三寸不烂之舌"之称。原来我们的舌头这么有用呀！

弯曲的食管

　　今天家里吃火锅，小明把烫好的豆腐夹到碗里稍微等了一会儿，就扔到了嘴里咽了下去。小明这下可被烫到了，站起来直蹦，感觉从嗓子眼一直烫到胃里，真难受。家里人也跟着忙活，又让他喝水又让他吃冰的，折腾了半天，可是胸腔这一段还是不舒服。妈妈说这叫"心急吃不了热豆腐"，小明希望再也别发生这样的事情，同时他也很困惑：这是烫到哪了呢？

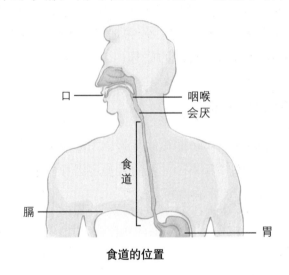

食道的位置

食道的位置

　　我们吃食物的时候，食物经口腔进入，经过牙齿的咀嚼，再经咽，食物进入食管，也就是食道。食管是消化管道的一部分，上面连接咽，下面连通胃，成人食管大约长25厘米，紧贴脊柱的腹侧，具有输送食物的功能。食道是一个前后扁平的肌性管状器官，是消化管各段中较狭窄的部分，在最尾端与胃相接的地方有一个括约肌，确保胃酸不会逆流至食道中。食管在平时呈扁平状，当有食物通过时便会扩大。食物并非靠着地球重力落入胃中，是借由食道壁的肌肉进行像波浪般蠕动，强制将食物推入胃中，此外食道还会分泌一种黏液，让食物可以很容易地通过。

食道的肌肉层

食道肌肉层上方1/3处为横纹肌，中间1/3处为横纹肌和平滑肌，而下方1/3处为平滑肌，可以帮助食团蠕动，而其黏膜仅能分泌黏液，不分泌消化酶，因此食道仅能帮助食物通过，而不具有消化或呼吸的功能。食道上方有两处生理括约肌，分别是上食道括约肌和下食道括约肌，下食道括约肌又称为"贲门括约肌"，可以防止食物经由胃逆流回口腔。

食管的生理性狭窄

食管除沿着脊柱的颈和胸曲相应地形成前后方向上的弯曲之外，在左右方向上也有轻度弯曲，但在形态上食管最重要的特点是有三个生理性狭窄。第一个狭窄在食管的起始处，第二个在左主支气管跨越食管左前方处，第三个在穿膈的食管裂孔处。三个狭窄处是食管内异物容易滞留的部位，也是食管肿瘤好发的部位。有的时候去医院检查，要做食管内插管，医生和护士也会非常注意这些弯曲和狭窄，避免损伤患者的食管壁。

常吃过热食物或辛辣刺激性食物（如酒），吸烟都有可能导致食道疾病。我们要好好保护我们这条食物的通道。

惊人的大胃王比赛

　　小刚在家看综艺节目，里面报道：有人在宾夕法尼亚州费城举行的一场盛大饮食比赛中，以半小时狂吞337只鸡翅的成绩夺冠，并刷新了这一赛事的纪录。这位选手曾于2001年参加美国纽约著名的吃热狗大赛，以超越80年前记录（25份热狗）两倍的成绩——12分钟内吃下50份热狗而夺得冠军，从那时起参加竞食比赛成为他的职业。"哇，这也太能吃了吧！他的胃是有弹性吗？怎么能装下那么多东西？"小刚想想就觉得可怕。

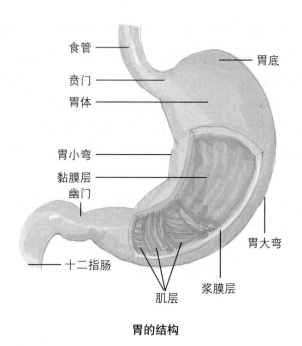

食管
贲门
胃体
胃底
胃小弯
黏膜层
幽门
十二指肠
肌层
浆膜层
胃大弯

胃的结构

胃的位置

　　胃是消化系统的一部分，位于人体的胸骨剑突的下方，肚脐的上部，略偏左，是贮藏和初步消化食物的器官，上连食道，下通小肠。胃腔又称为"胃脘"，分为上、中、下三部：胃的上部为上脘，包括贲门；胃的下部为下脘，包括幽门；上、下脘之间的部分为中脘。贲门上连食道，幽门下通小肠。

胃的结构

胃壁具有四层结构，由内到外分别是：黏膜（上皮，属单层柱状上皮，表面有黏液细胞）、固有层（又可分为胃底腺、贲门腺和幽门腺）和黏膜肌层；黏膜下层（属结缔组织）；黏膜肌层，有很厚的平滑肌（由内斜、中环、外纵三层平滑肌构成）；外膜为浆膜。

胃的生理功能

一般来说，胃的最主要功能并非吸收食物中的营养成分，而是将大块食物研磨成小块，并将食物中的大分子降解成较小的分子，以便于进一步被吸收。

胃能将我们吃下的食物暂时储存，还可进行物理性消化，胃部会搅动（强烈的蠕动），将来自食道的固体食团搅碎为半固体的食糜。胃还可进行化学性消化，即分泌胃蛋白酶，初步消化蛋白质成多肽。同时，胃酸能杀死食物中大部分的细菌，幽门螺旋菌除外。贲门括约肌控制食道的固体食团流入胃部的速率，也能防止食团倒流。幽门括约肌控制胃部的半固体的食糜流入十二指肠的速率。胃还能够吸收一些简单分子，如水、乙醇和药物等。

胃腺的泌酸细胞在消化过程中分泌出胃酸，而主细胞分泌蛋白酶（胃蛋白酶）和凝乳酶等酶。胃壁分泌黏液层，防止由胃腺所分泌的蛋白酶和胃酸的消化。胃酸主要用于杀死附在食物表面的细菌。蛋白酶主要用于将蛋白质转化成肽。

竞食比赛的风险

"大胃王"是指在竞食比赛中，能在一定的时间内吃下最多份食物的选手。大胃王比赛具有相当程度的健康风险，尤其民间所举办的业余比赛的参赛者多以没有接受常规大食训练的普通人为主，很容易发生各种危险。其中，噎死是最常见的危害，而其他潜在的危险包括急性胃炎、胃黏膜撕裂、胃出血和胃黏膜脱垂等，在胃腔压力过高或呕吐时还会引起贲门口的撕裂。

我们平时要注意正常合理饮食，保护好我们的胃，"大胃王"可不是人人都能当的！

肝胆相照

"肝胆相照"这个词比喻以赤诚之心对待人,也比喻以真心相见。生活中也常听到"肝胆相照",那肝和胆是不是真的距离很近且关系密切啊?

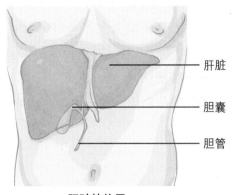

肝脏的位置

肝脏

肝脏位于人体腹部位置,在右侧横隔膜之下,位于胆囊的前端且于右边肾脏前方,胃上方。成人肝脏重1~2.5千克,红棕色,呈V字形。肝脏是身体内以代谢功能为主的器官,能够清除身体里面的毒素,储存糖原(肝糖原),合成分泌性蛋白质等。肝脏也制造消化系统中的胆汁。人类的三大营养物质(糖、蛋白质和脂肪)代谢都在肝脏进行,肝脏还有分解和转换某些物质的能力,例如肝脏中可以将氨转换成尿素。肝脏功能由肝细胞进行,功能非常复杂,目前还没有人工器官或装置能够模拟肝脏的所有功能。有两大血管通往肝脏:肝动脉和肝门静脉。肝动脉来自腹腔干;肝门静脉引消化道的静脉血,肝静脉直接注入下腔静脉。

肝脏是人类身体器官中唯一有再生功能器官,即使正常肝细胞低于25%,仍可再生成正常肝脏。成人肝脏是腹腔中最大的器官,而且1分钟流经肝脏的血液量高达1000毫升以上。肝脏即使被割掉一半,或者受到严重伤害，残留的正常肝细胞仍能照常工作。实验证明，把鼠肝切掉一半后，老鼠照常进食并且朝气蓬勃地活着，检查其肝功指标均正常。如果人类肝脏内长了大小不等的多个瘤块，或癌肿已使肝脏变形，但只要这些占位性病变不压迫汇管区，只要尚存300克以上的健康肝组织，患者饮食方面仍无明显症状，肝功也无太大障碍。老鼠的肝脏经手术切除75%后于3周后便能恢复原状，狗需8个星期，人类需4个月左右。由此可见，肝脏具有其他器官无法比拟的再生和恢复能力。根据上述理论，手术切除肝的患者生存10年以上者已不乏其人，个别肝切除患者能生存20年，也有急性重型肝炎病人实行换肝术后存活5年以上的报道。随着科技发展，相信彻底征服病毒性肝炎和肝癌的日子是一定会到来的。动物试验证明，当肝脏被切除70%～80%后，并不显示出明显的生理紊乱，而且残余的肝脏可在3～8周内长至原有大小。这说明，肝脏具有再生功能。

胆

胆的主要功能为贮存和排泄胆汁，并参与食物的消化。胆汁是一种消化液，有乳化脂肪的作用，对脂肪的消化和吸收具有重要作用，但不含消化酶。胆汁中的胆盐、胆固醇和卵磷脂等可降低脂肪的表面张力，使脂肪乳化成许多微滴，利于脂肪的消化；胆盐还可与脂肪酸甘油酯等结合，形成水溶性复合物，促进脂肪消化产物的吸收，并能促进脂溶性维生素的吸收。在非消化期间，胆汁存于胆囊中。在消化期间，胆汁则直接由肝脏以及由胆囊大量排至十二指肠内。

胆囊位于右上腹，肝脏的下缘，附着在肝脏的胆囊窝里，借助胆囊管与胆总管相通，呈梨形，长7～9厘米，宽2.2～3.5厘米，容积为30～50毫升，分为底、体、颈三部。底部游离，体部位于肝脏脏面的胆囊床内，颈部呈囊状，结石常嵌顿于此。胆囊管长2～4厘米，直径约0.3厘米，其内有螺旋式黏膜皱襞，有调节胆汁出入的作用。胆囊管及其开口处变异较多，手术时常易损伤此处。

微胆管收集胆汁聚集成胆道。接着由左、右肝管回收到肝总管。胆

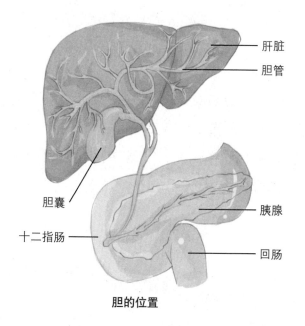

肝脏

胆管

胆囊

十二指肠

胰腺

回肠

胆的位置

囊管和肝总管聚集合成胆总管。胆总管在进入十二指肠前壶腹部位和胰管相连接，将肝脏分泌储存于胆囊内的胆汁直接注入降十二指肠内帮助脂肪代谢消化。

由此可见，我们经常说的"肝胆相照"还是有根据的，并且肝胆之间的联系也是非常紧密的，二者共同协调发挥作用。

长长的肠

　　小刚放暑假去奶奶家玩。奶奶家后面有一座山，小刚总去探险。这天发现了一条又细又长的山路，几个小朋友商量着去看看。走着走着小刚感叹道："这羊肠小道可真够长的啊！"为什么把长且窄的路叫羊肠小道呢？

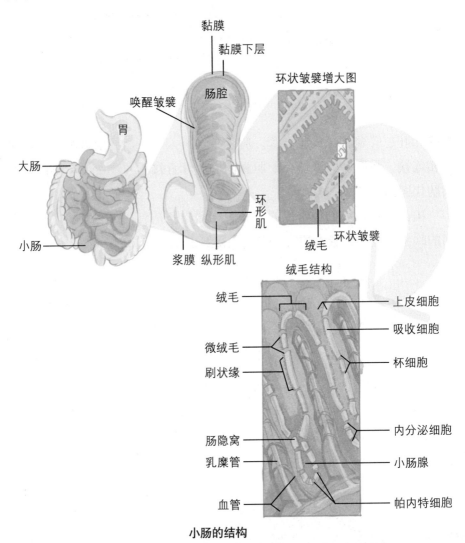

黏膜
黏膜下层
肠腔
唤醒皱襞
胃
环状皱襞增大图
大肠
小肠
环形肌
浆膜　纵形肌
绒毛
环状皱襞

绒毛结构
绒毛
上皮细胞
吸收细胞
微绒毛
刷状缘
杯细胞
内分泌细胞
肠隐窝
乳糜管
小肠腺
血管
帕内特细胞

小肠的结构

食草动物为了更好地消化和吸收营养物质，进化的过程中肠就要比其他动物的长，而羊的肠比牛或者马的肠更长更细，可以达到体长的40倍，长50～60米，这就是名副其实的"羊肠小道"了。

肠的特点

我们知道消化管中最长的一段是小肠，成人小肠长5～7米，与之相连的大肠也有1.5米，是进行消化吸收的重要器官，并具有某些内分泌功能。其中，人的小肠分为十二指肠、空肠和回肠；大肠分为盲肠、结肠和直肠。大量的消化作用和几乎全部消化产物的吸收都是在小肠内进行的，大肠主要浓缩食物残渣，形成粪便，再通过直肠经肛门排出体外。

肠壁的结构

肠壁结构一般分为四层，由外向内依次为浆膜层（腹腔脏层）、平滑肌层、黏膜下层和黏膜层。平滑肌层的外层为纵行肌纤维，内层为环形肌纤维，两者都以螺旋式走行，以收缩和舒张来完成肠的机械性消

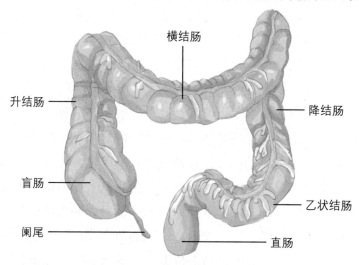

横结肠

升结肠

降结肠

盲肠

乙状结肠

阑尾

直肠

大肠的结构

化。黏膜层分为三层：靠近黏膜下层的是一层平滑肌，称为"黏膜肌层"。其次为结缔组织，又称为"固有层"。最后面向肠腔的是由一层柱状上皮细胞构成的黏膜。小肠黏膜有纵行和横行皱襞，并有无数细小的指状突起，称为"绒毛"。绒毛在回肠中逐渐变少，至大肠即消失。绒毛的基底处黏膜内陷成管状，称为"利贝屈恩氏隐窝"或"小肠腺"。隐窝基底部的上皮细胞不断进行有丝分裂，产生新细胞。新细胞向外移动，旧细胞脱落于肠腔。肠上皮细胞的更新率很快，每个细胞约生存48小时。隐窝上皮中还有许多杯状细胞，这些细胞分泌黏液，起滑润食物和保护黏膜的作用。隐窝上皮中还有分泌小肠液的腺细胞，在十二指肠黏膜下有许多布龙纳氏腺，又称为"十二指肠腺"，分泌黏液，但空肠和回肠中无布龙纳氏腺。大肠内无绒毛，其大部分上皮细胞分泌黏液。直肠的上皮细胞也分泌黏液。

肠的运动

肠的运动有两类：一类是混合运动，主要作用是使食糜与消化液充分混合，并使食糜不断更新与黏膜的接触面；另一类是推进运动，主要是将肠内容物从十二指肠向肛门端推进。混合运动主要由小肠的节律性分节运动、摆动和绒毛舒缩运动来完成。分节运动是肠壁的环行肌节律性收缩的表现，这种运动使一段食糜（长1～2厘米）得以反复地分开而又混合。小肠每隔15～20厘米的距离发生一处分节运动。小肠各段的分节运动有一活动梯度，即上段频率较高，下段较低。如人的上段空肠运动频率为每分钟11次，回肠末段则为每分钟8次，所以分节运动也可以推动食糜向大肠方向移动。摆动是肠壁纵肌的节律收缩，主要作用是使食糜在肠黏膜上移位。绒毛运动是由绒毛内的零星平滑肌纤维不停地进行收缩和舒张，绒毛伸长可进入食糜中；绒毛收缩可使绒毛内淋巴和血液排走而有助于吸收。肠内容物由十二指肠向大肠的推送主要由小肠的蠕动来完成。蠕动的形式是食糜前方的肠肌舒张和食糜后方的肠肌收缩，这种收缩和舒张以波形向前运动，因而将食糜向前推送。蠕动起源于十二指肠，也可在小肠的任何部位发生。蠕动的速度为每秒0.5～1厘米，移动的距离不长，一般移动10厘米左右即消失，食糜在新的肠段引起新的蠕动。小肠还可发生移行速度很快（每秒2～25厘米）的蠕动，称为"蠕动冲"。它起源于十二指肠，可于几分钟之内便将食糜推送至小肠末端。大肠通过结肠带的紧张性收缩和环行肌的局部收缩，形成结肠的紧缩皱褶和膨出。环行肌的收缩可移动，从而使原先舒张的区域收缩，原先收缩的区域舒张，如此发生结肠袋的"流动"。它相当于缓慢的蠕动波，运动的方向有向肛门的，也有向口腔的（逆蠕动），推动的距离不长，其作用在于对肠内容物进行揉搓和促进水的吸收。大肠还有一种进行很快、移行很远的强烈蠕动，每日可发生2～3次，运动从结肠始端起，经大肠直达直肠，这种运动称为"集团运动"。直肠被集团运动推进来的内容物所充胀，于是引起便意。

肠的消化功能

肠还具有消化功能，进入肠腔中的消化液有小肠液、大肠液、胰液和胆汁等。这些消化液含有各种消化酶，它们把营养物质分解为可被吸收和利用的形式，即将多糖分解为单糖，将蛋白质分解为氨基酸，将脂肪分解为脂肪酸和甘油。营养物质几乎全部在小肠内吸收，大肠只吸收水分和一些无机盐。小肠绒毛上皮细胞将消化道中的氨基酸、葡萄糖和无机盐等吸收进血液，如果此部位受损，将影响上述营养物质的吸收，则粪便中可检测到可溶性糖等营养物质。

食物的旅程

　　小明没弄明白，自己怎么睡在苹果里了，好香甜，咬了一口苹果，再往下一看，不好，怎么是个虫子？我怎么变成这样了？还没等小明哀嚎，就地震了，原来苹果被人咬了一大口，自己作为一个小虫子随着果肉就进了人的嘴里，好多颗大白牙上下翻飞咬碎了那块苹果，自己左躲右闪没被咬到，这时冲出好多液体（唾液），舌头也来回搅拌，快爬，忽然这时他被推着过了一个小山（悬雍垂），进到一个大管子里向下掉去，啊……醒了，原来是个梦呀！

消化系统的组成

　　消化系统由消化管和消化腺两部分组成。消化管是一条起自口腔，延续为咽、食管、胃、小肠、大肠，最终到肛门的很长的肌性管道，包括口腔、咽、食管、胃、小肠（十二指肠、空肠和回肠）和大肠（盲肠、结肠和直肠）等部分。消化腺包括小消化腺和大消化腺两种。小消化腺散在于消化管各部的管壁内，大消化腺有三对唾液腺（腮腺、下颌下腺和舌下腺）、肝和胰，它们均借助导管将分泌物排入消化管内。

消化系统的功能

　　消化系统的基本功能是对食物的消化和吸收，供给机体所需的物质和能量。食物中的营养物质除维生素、水和无机盐可以被直接吸收利用外，蛋白质、脂肪和糖类等物质均不能被机体直接吸收利用，需在消化管内被分解为结构简单的小分子物质，然后才能被吸收利用。食物在消化管内被分解成结构简单、可被吸收的小分子物质的过程称为"消

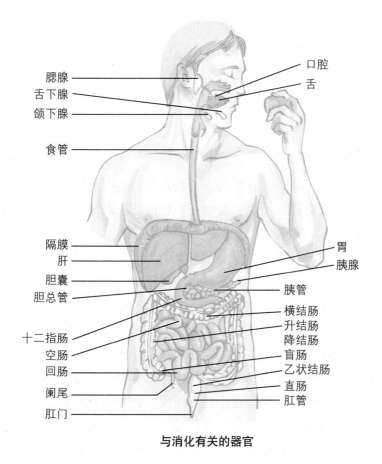

腮腺
舌下腺
颌下腺
食管
隔膜
肝
胆囊
胆总管
十二指肠
空肠
回肠
阑尾
肛门
口腔
舌
胃
胰腺
胰管
横结肠
升结肠
降结肠
盲肠
乙状结肠
直肠
肛管

与消化有关的器官

化"。这种小分子物质透过消化管黏膜上皮细胞进入血液和淋巴液的过程就是吸收。消化道通过大肠，将未被吸收的残渣部分以粪便形式排出体外。

消化的形式

消化过程包括机械性消化和化学性消化两种形式。食物经过口腔的咀嚼，牙齿的磨碎，舌的搅拌和吞咽，胃肠肌肉的活动，将大块的食物变成碎小的食物，使消化液充分与食物混合，并推动食团或食糜下移，从口腔推移到肛门，这种消化过程称为"机械性消化"或"物理性消化"。化学性消化是指消化腺分泌的消化液对食物进行的化学分解。由消化腺所分泌的消化液，将各种复杂的营养物质分解为肠壁可以吸收的简单的化合物，如将糖类分解为单糖，将蛋白质分解为氨基酸，将脂类分解为甘油和脂肪酸，这些分解后的营养物质被小肠（主要是空肠）吸收进入体内，进入血液和淋巴液，这种消化过程称为"化学性消化"。机械性消化和化学性消化两种消化同时进行，共同完成消化过程。

消化的过程

食物的消化是从口腔开始的，食物在口腔内以机械性消化（食物在牙齿的咀嚼下被磨碎）为主。食物在口腔内停留时间很短，口腔内的消化作用不大。

食物从食道进入胃后，即受到胃壁肌肉的机械性消化和胃液的化学性消化作用。此时，食物中的蛋白质被胃液中的胃蛋白酶初步分解，胃内容物变成粥样的食糜状态，小量地多次通过幽门向十二指肠推送。食糜由胃进入十二指肠后，开始了小肠内的消化。

小肠是消化和吸收的主要场所。食物在小肠内受到胰液、胆汁和小肠液的化学性消化以及小肠的机械性消化，各种营养成分逐渐被分解为简单的可吸收的小分子物质在小肠内吸收。食物通过小肠后，消化过程已基本完成，只留下难于消化的食物残渣，从小肠进入大肠。大肠内无消化作用，仅具一定的吸收功能。最后不能吸收的食物残渣通过直肠由肛门排出体外。

我的气味探测器

小明感冒了，鼻塞，什么味道都闻不到了。正好看到报纸上关于仿生学"气味探测器"的报道，他就笑着对妈妈说："我的'气味探测器'失灵了，呵呵。"

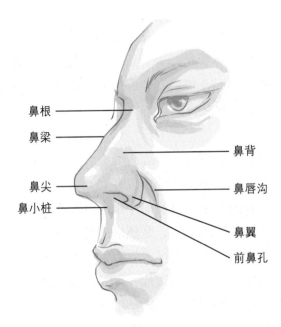

鼻根
鼻梁
鼻尖
鼻小桩
鼻背
鼻唇沟
鼻翼
前鼻孔

外鼻的结构

鼻的组成

人体感应嗅觉的器官是鼻，又称为"鼻子"，是呼吸系统的一部分，由外鼻、鼻腔和鼻窦组成。外鼻是指突出于面部的部分，以骨和软骨为支架，外面覆以皮肤构成。外鼻形如三边锥体，突出于颜面中央，易受外伤，上端较窄，最上部位于两眼之间，称为"鼻根"；下端高突的部分称为"鼻"；中央的隆起部称为"鼻梁"；鼻梁两侧称为"鼻背"；鼻尖两侧向外方膨隆的部分称为"鼻翼"。鼻尖和鼻翼处的皮肤较厚，富含皮脂腺和汗腺，与深部皮下组织和软骨膜连接紧密，容易发生疖肿。发炎时，局部肿胀压迫神经末梢，可引起较剧烈疼痛。

鼻各部分的作用

1.鼻孔

鼻位于面部的正中间，鼻对体外的开口称为"鼻孔"，鼻孔让空气进入鼻腔内，两孔气流速度不同，且每隔几小时就会交换一次。

2.鼻骨

鼻骨左右成对，中线相接，上接额骨鼻部成鼻额缝，外缘接左右两侧上颌骨额突，后面以鼻骨嵴与筛骨正中板相接，下缘以软组织与鼻外侧软骨相接，上部窄厚，下部宽薄，易受外伤而骨折，发生鞍鼻，由于血管丰富，骨折复位后易愈合。

3.鼻腔

鼻有两腔，被鼻中隔隔开，鼻腔内长有鼻毛，作用是过滤和吸收空气中飘浮的尘埃和杂质（类似于纱窗或纱布）。鼻腔壁有黏膜，有助于湿润吸入的空气，并附着杂质（类似于加湿器和吸尘器）。鼻腔内后部则是鼻窦，位于鼻两侧的颅骨下，是感应嗅觉的神经，鼻腔连接咽喉，并与消化系统共用管道，再分支进入呼吸系统至肺部。当冷空气进入鼻腔，鼻甲和鼻道黏膜下血管像暖气片一样对其起到加温作用。据测试，0℃的冷空气经鼻和咽进入肺部，温度可升至36℃，与人体正常体温基本接近，可见鼻腔对冷空气具有明显的加温作用。

鼻腔嗅区黏膜主要分布在上鼻甲内侧面和与其相对应的鼻中隔部分，小部分可延伸至中鼻甲内侧面和与其相对应的鼻中隔部分。嗅区黏膜由感觉细胞、支持细胞和基底细胞组成。感觉细胞接受嗅刺激，它们的突触汇合成嗅神经纤维，通过嗅球到达嗅觉中枢。固有层内所含的嗅腺，其分泌物能溶解到达嗅区的含气味颗粒，刺激嗅毛产生冲动，传入大脑嗅区产生嗅觉。嗅沟阻塞、嗅区黏膜萎缩、颅前窝骨折或病变，以及嗅觉径路均可导致嗅觉减退或丧失。

4.鼻窦

鼻窦位于鼻腔周围、颅骨与面骨内的含气空腔，又称为"鼻旁窦"。鼻旁窦由骨性鼻旁窦表面衬以黏膜构成，鼻旁窦黏膜通过各窦开口与鼻腔黏膜相续。鼻旁窦包括额窦、筛窦、蝶窦和上颌窦，左右对称排列，有减轻颅骨重量和产生共鸣的作用，也能协助调节吸入空气的温度和湿度。由于鼻腔和鼻旁窦的黏膜相延续，鼻腔炎症可引起鼻旁窦发炎。

5.鼻的附加功能

由于鼻在身体与外界的气体交换中扮演重要角色，鼻和与之相关的结构也具有一些附加功能。例如，鼻可以使空气变得温暖和湿润，鼻内通常有毛发（鼻毛），它的功能是防止颗粒物等被吸入肺部。但是在外界气温特别低的情况下，我们还是应该戴上口罩或是围巾，防止鼻黏膜受到冷空气的刺激。

吃饭时不能说话

小刚演讲比赛拿了第一，全家人都非常高兴。小刚意犹未尽地讲述比赛时的细节，兴致上来时还哈哈大笑，嘴里的饭菜都喷了出来。妈妈赶紧告诉他："吃饭时不要大声说话，要不该呛着了，再说嘴里有食物时说话是不礼貌的，懂吗？"小刚赶紧点点头，坐下来好好吃饭了。

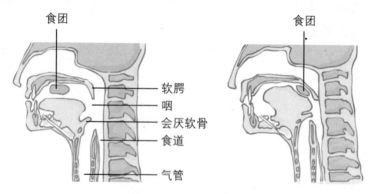

食团

食团

软腭
咽
会厌软骨
食道

气管

吞咽与呼吸的关系

人为什么会呛到

人的咽喉是食物和空气的共同通道，气管在前，食管在后，气体和食物各行其道，有条不紊，这就要归功于会厌软骨。软骨犹如铁路上的道岔，人们吞咽食物时，喉上升，会厌软骨向后倾斜，将喉门盖住，食物顺利进入食管。下咽动作完成以后，会厌软骨又恢复直立状态，以便进行呼吸。如果吃饭时说话，就会使会厌软骨的动作无所适从，导致食物"呛"入食管的事故发生。

呛到产生的危险

吃饭时谈兴过盛，进食不专心，容易使食物误入气管，造成呛咳或气管堵塞。食物中有硬物，如骨头和鱼刺等，还可直接损伤食道，严重时可能危及生命。如果吃鱼不小心，鱼刺可能滑进食道，穿过食道壁刺伤主动脉，造成大出血。

人的右主支气管一般短且粗，走向较为陡直，与气管中线延长线间形成22°至25°角；左主支气管细且长，走向倾斜，与气管中线延长线间形成36°至40°角，所以经气管落入的异物多会落入右主支气管中，严重时可导致吸入性肺炎的发生。

吃饭时一定要小心，最好不要说话！

严禁随地吐痰

　　小明在家看电视，专题评论说：国庆黄金周期间，很多同胞去国外旅游，随地吐痰的问题又被提起。虽然近些年来媒体说，这种"陋习"已经减少，但是，它似乎依然是"不文明"的标志之一。那么痰是怎么产生的？随地吐痰又有哪些危害呢？

痰的产生

　　痰是呼吸道排泄出来的废物。"小小一口痰，细菌千千万"。在人的呼吸道里，许多小纤毛像麦浪一样朝向口腔的方向，慢慢将外来的灰尘和细菌等脏东西以及黏液推出来，推到嗓子眼儿时，人就会咳嗽将其吐出体外，这就是痰。随地吐痰会带来严重的卫生问题。每个人的痰密度不同，里面什么样的细菌都可能携带。如果随便乱吐，痰变干后，痰中成千上万的细菌就会飘到空气中。这些病毒和病菌在自然环境中存活的时间长短不一，有的可在干燥痰液中存活6~8个月；而痰中的结核杆菌随尘埃飘飞，可维持8~10天的播散活力。对于患有呼吸系统疾病的人而言，随地吐痰的害处更大。这些患者的痰中含大量的细菌、病毒、肺支原体、真菌和寄生虫等，所携带的细菌有葡萄球菌、链球菌、肺炎杆菌、绿脓杆菌和结核杆菌等，这些病菌都可能威胁人们的生命。

痰不吐出的危害

保持环境卫生不可以随地吐痰，但是痰绝不能强忍着咽下。痰里面含有大量的细菌，如果咽下去后有少部分细菌可能会被胃液杀死，但是绝大部分的细菌却仍然活着，它们会进入肠道从而引起肠道的疾病。如果痰中带有结核杆菌则可能引起肠结核病。这些细菌还有可能通过血液传播到肝、肾和脑膜等部位，从而引起这些部位的疾病。专家指出，有痰憋住不吐也会害人。如果痰在呼吸道中不及时排出，会导致呼气不畅及呼吸困难，可能发展成肺气肿。反复咳嗽会使肺泡发生变化导致功能低下，有些病人的痰还具有抗原性，可引发过敏性哮喘。因此专家指出，有痰还是要"一吐为快"，但注意不要随地乱吐。吐痰时，最好用纸巾包好，再把它扔到垃圾桶里。

胸腔内的大树——肺

今天是5月31日——"世界无烟日"，电视、新闻、报纸和广播都在宣传。吴小莉发现宣传画报上的肺的形状像一棵倒立的大树，那些"枝杈"和"树叶"都是肺的什么结构呢？

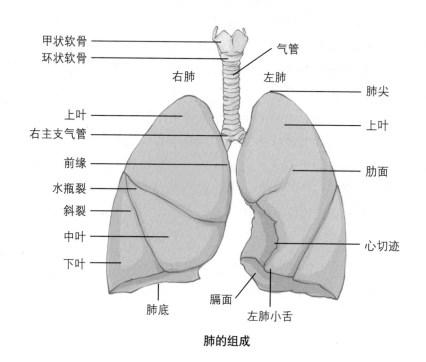

甲状软骨
环状软骨
气管
右肺
左肺
肺尖
上叶
右主支气管
上叶
前缘
肋面
水瓶裂
斜裂
中叶
心切迹
下叶
肺底
膈面
左肺小舌

肺的组成

肺的组成

肺位于胸腔内的纵隔两侧，左面具两叶，右面具三叶。肺上端钝圆，称为"肺尖"，向上经胸廓上口突入颈根部，底位于膈上面。对向肋和肋间隙的面称为"肋面"；朝向纵隔的面称为"内侧面"；该面中央的支气管、血管、淋巴管和神经出入处称为"肺门"。这些出入肺门的结构，被结缔组织包裹在一起，称为"肺根"。左肺由斜裂分为上、下两个肺叶；右肺除斜裂外，还有一水平裂将其分为上、中、下三个肺叶。

支气管

肺是以支气管树为基础构成的，支气管树由支气管反复分支形成。左、右支气管在肺门分成第二级支气管，第二级支气管及其分支所辖的范围构成一个肺叶，每支第二级支气管又分出第三级支气管，每支第三级支气管及其分支所辖的范围构成一个肺段，支气管在肺内反复分支可达23～25级，最后形成肺泡。支气管各级分支之间，以及肺泡之间都被结缔组织性的间质所填充，血管、淋巴管和神经等随支气管的分支分布在结缔组织内。肺泡之间的间质内含有丰富的毛细血管网，毛细血管膜与肺泡共同组成呼吸膜，血液和肺泡内的气体进行气体交换必须通过呼吸膜才能进行，呼吸膜面积较大，平均约70平方米，安静状态下只动用其中40平方米用于呼吸时的气体交换。

肺泡

肺泡是由单层上皮细胞构成的半球状囊泡。肺中的支气管经多次反复分支形成无数细支气管，它们的末端膨大成囊，囊的四周有很多突出的小囊泡，称为"肺泡"。肺泡的大小形状不一，平均直径为0.2毫米。成人有3亿～4亿个肺泡，总面积近100平方米，比人皮肤的表面积还要大好几倍。肺泡是肺部气体交换的主要部位，也是肺的功能单位。吸入肺泡的气体进入血液后，静脉血就变成含氧丰富的动脉血，并随着血液循环输送到全身各处。肺泡周围毛细血管血液中的二氧化碳可以透过毛细血管壁和肺泡壁进入肺泡，通过呼气排出体外。

肺活量

同学们体检时，可以用肺活量来检测肺的呼吸功能。肺活量是指最大吸气后，再做最大呼气，所能呼出的气体量，即潮气量、补吸气量和补呼气量三者之和。肺活量并不是肺的总容量，肺活量=肺总容量－肺残容量。

胎儿和未曾呼吸过的新生儿肺不含空气，比重较大(1.045～1.056)，可沉于水底。胎儿肺的重量为其体重的1/70，体积约占其胸腔的1/2。在肺的发育过程中，生前3个月胎肺生长最快，出生后肺的体积占胸腔的2/3。婴幼儿肺呈淡红色。成人肺因含空气，比重较小(0.345～0.746)，能浮出水面。

随着生长，空气中的尘埃和炭粒等被吸入肺内并沉积，使肺变为暗红色或深灰色。生活在烟尘污染重的环境中的人和吸烟者的肺呈棕黑色。像烟、尘或者大气污染物这些物质既可以引起包括肺癌在内的呼吸系统疾病，还可以通过呼吸系统进入血液，引起其他系统的疾病。

人是怎样说话的

　　王迪同学在家陪妈妈看自己小时候的录像，从牙牙学语到背起书包上学。两人沉浸在温馨的氛围中，王迪问妈妈："我几岁会说话的？"妈妈笑着说："几个月的时候就会出声音了，可刚开始就是'啊、啊'的喊，一岁多了才会叫'妈妈''爸爸'。"王迪想我们很早就可以发出声音，那是怎么学会说话的呢？

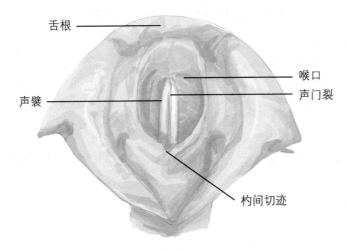

舌根

喉口

声襞

声门裂

杓间切迹

人类的发声装置

声带

　　声带是人类的发声器官，又称为"声襞"，是位于喉部的两瓣左右对称的膜状解剖结构，由声带肌、声带韧带和黏膜三部分组成，左右对称。两声带间的矢状裂隙为声门裂，其主要功能是发声。声带受迷走神经的控制，可以开闭。在呼吸时，声带张开，允许肺部与外界的空气交换。在憋气时，声带关闭。在说话、唱歌等发声动作时，声带通过与空气的相互作用产生振动。声带振动产生的声波是语音中浊音的声源。声带通常显白色，血管分布稀少。

发声的原理

发声时，两侧声带拉紧、声门裂缩小，甚至关闭，从气管和肺冲出的气流不断冲击声带，引起振动而发声，在喉内肌肉协调作用的支配下，使声门裂受到有规律性的控制。声带的长短、松紧和声门裂的大小，均能影响声调高低。成年男子声带长且宽，女子声带短且狭，所以女子比男子声调高。青少年从14岁开始变音，一般要持续半年左右。

保护声带的方法

在变声期切勿大声呼喊、疲劳过度或睡眠不足，更不能引起情绪波动，以防咽喉充血，引起声带损伤。为了保护好声带，应注意以下几点：

（1）加强体育锻炼，增强体质，提高对上呼吸道感染的抵抗能力。

（2）少吃刺激性食物，避免用嗓过度，禁烟酒。

（3）注意运用正确的发声方法，感冒期间特别要注意，不可发声过度。

（4）早期声嘶患者，应注意声带休息，同时进行积极的治疗。

繁忙的运输车——血液

　　2005年5月世界卫生大会通过决议，将每年的6月14日定为"世界献血者日"，以推动全世界的自愿无偿献血。这一节日是由红十字会和红新月会国际联合会、世界卫生组织、国际献血组织联合会以及国际输血协会联合发起的。义务献血日当天，很多人去血站义务献血，还有很多人到流动献血车上献血。到底血液有什么作用？为何需求量这么大呢？

血小板　　白细胞　　红细胞

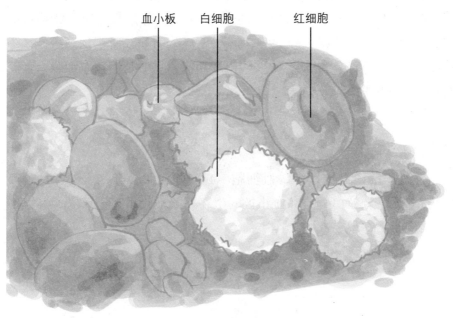

血液的组成

什么是血液

　　血液是在循环系统（心脏和血管腔内）中循环流动的一种组织，为暗赤或鲜红色，有腥气。血液组织是结缔组织的一种，由血浆和血球组成。血浆内含血浆蛋白（白蛋白、球蛋白和纤维蛋白原）和脂蛋白等各种营养成分，以及无机盐、氧、激素、酶、抗体和细胞代谢产物等。血细胞包括红细胞、白细胞和血小板。人的血液具有凝血机制，血小板破裂时，会将血浆中原本可水溶的血纤维蛋白和血球等凝固成为血饼，剩余的透明液体就称为"血清"。

生物体的生理变化和病理变化往往引起血液成分的改变，血液成分的检测有重要的临床意义。以人类的血液为例，成人的血液约占体重的1/13，相对密度为1.050～1.060，pH值为7.3～7.4，渗透压为313毫摩尔/升。ABO血型是人类的主要血型分类，可分为A型、B型、AB型和O型，另外还有Rh血型系统、MNS血型系统和P血型系统等。

血液由血浆和血细胞组成，一个健康成人大约有5升血液。以体积计算，血细胞约占血液的45%。血浆相当于结缔组织的细胞间质，为浅黄色半透明液体，其中除含有大量水分以外，还有无机盐、纤维蛋白原、白蛋白、球蛋白、酶、激素、各种营养物质和代谢产物等。这些物质没有一定的形态，但具有重要的生理功能，主要是运输血细胞、营养物质和一些废物。

什么是血细胞

在机体的生命过程中，血细胞不断新陈代谢。红细胞的平均寿命约为120天，颗粒白细胞和血小板的生存期限一般不超过10天。淋巴细

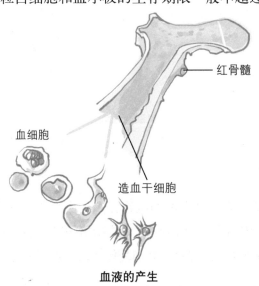

红骨髓

血细胞

造血干细胞

血液的产生

胞的生存期长短不等，从几个小时直到几年。血细胞和血小板的产生来自造血器官，红血细胞、有粒白血细胞和血小板由红骨髓产生，无粒白血细胞则由淋巴结和脾脏产生。血细胞分为三类：红细胞、白细胞和血小板。每升血液有5×10^{12}个红细胞（约占血液体积的45%），成熟的红细胞没有细胞核和细胞器，它们含有血红素以输送氧气。每升血液有3×10^{11}个血小板，它们负责凝血，把纤维蛋白原变成纤维蛋白，纤维蛋白结成网状聚集红细胞形成血栓，血栓阻止更多血液流失，并帮助阻止细菌进入体内。每升血液有9×10^9个白细胞，它们是免疫系统的一部分，负责破坏和移除年老或异常的细胞和细胞残骸，以及攻击病原体和外来物体。

血液的功能

血液为身体各处输送氧气，这项功能主要由红细胞负责。输送营养，如葡萄糖、氨基酸和脂肪酸等；带走废物，如二氧化碳、尿酸和乳酸等；提供免疫功能，由白细胞和抗体负责；凝血功能，由血小板负责；信息功能，如激素和组织损坏讯号；调节体内的酸碱值和体温等。

庞大的运输线——血管

　　小强在吃水果时，手不小心被水果刀割破了，只有一个小口子，渗出了一点血，想起前几天听说的"破伤风"，小强感到很害怕。可是妈妈告诉他说："没事，只是毛细血管出血不怕的。"血管难道还分很多种吗?

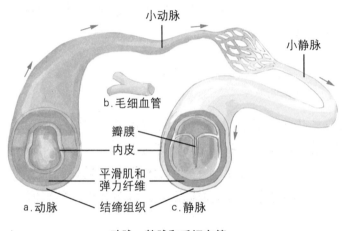

动脉、静脉和毛细血管

什么是血管

　　血管是运送血液的管道，依运输方向可分为动脉、静脉和毛细血管。动脉从心脏将血液带至身体组织，静脉将血液自组织间带回心脏，毛细血管则连接动脉与静脉，是血液与组织间物质交换的主要场所。

动脉

　　输送新鲜血液离开心脏的血管称为"动脉"。动脉内血液压力较高，流速较快，因而动脉具有管壁较厚、富有弹性和收缩性等特点。动脉可以分为弹性动脉、肌肉动脉和小动脉三种，弹性动脉为管径最大的动脉，离心脏不远，如主动脉、胸主动脉、腹主动脉、锁骨下动脉和总

破解人体的密码：人体构造

颈动脉，其所承受的血压最大，弹性最佳，可以利用管壁的弹性推挤血液前进。肌肉动脉的管径较弹性动脉小，多是其分支，如股动脉、尺骨动脉和桡骨动脉，此时血管压力减弱，阻力增加，必须部分依靠平滑肌的收缩力量推动血液前进。小动脉的管径在动脉中最小，一般管径小于0.3毫米，如脾脏中的分隔带动脉、肾脏的入球小动脉和出球小动脉。

静脉

输送用过了的血液回到心脏的血管称为"静脉"。与同级的动脉相比，静脉管壁较薄，而管腔较大，数目也较多，四肢和肋间静脉还含有静脉瓣，这些形态结构的特点都是与静脉压较低和血流缓慢等机能特点相适应的。静脉可以分为小静脉、中静脉和大静脉，小静脉和中型静脉依次接收微血管回流的血液，大静脉是指引导身体各部静脉血到心脏去的静脉。

毛细血管

在动脉和静脉之间有一种极细的血管称为"毛细血管"，其管径很细，管壁薄，通透性高，血压低，血流缓慢，彼此连结成网，是血液和组织进行物质交换的场所。一个成人的毛细血管总数在300亿根以上，长约11万千米，可绕地球2.7圈。

宽敞的四室住房——心脏

小明很喜欢吃鸡心，有一天他到厨房帮妈妈干活，发现切开的鸡心里面有空室。小明困惑了，人的心脏里面也是空的吗？心脏里有什么啊？

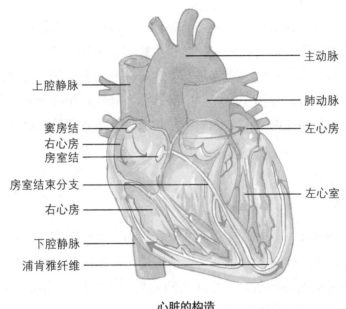

主动脉

上腔静脉

肺动脉

窦房结
右心房
房室结

左心房

房室结束分支

右心房

左心室

下腔静脉

浦肯雅纤维

心脏的构造

心脏的结构

心脏是较高等动物循环系统中一个主要器官，主要功能是提供压力，把血液运行至身体各个部分。人类的心脏位于胸腔中部偏左，体积约相当于一个拳头大小，重量约350克。人类的心脏在生物进化史上是最复杂的结构，心脏内分为四个腔，位于上部的是左心房和右心房，位于下部的是左心室和右心室，心房接纳来自静脉的回心血，心室则将离心血泵入动脉中。

心脏的外表可被描述为：一尖，一底，两面，三缘，表面四条沟。一尖指的是心尖，由左心室构成；一底指的是心底，朝向右后上方，主要由左心房和小部分右心房构成；两面指的是前面的胸肋面和下面的膈面；三缘指的是下缘（锐缘）、左缘（钝缘）和右缘（不明显）；表面四条沟可视为四个心腔的表面分界。它们分别为冠状沟（房室沟）、前室间沟、后室间沟（左右心室）和后房间沟（左右心房）。

在心室的前面和后（下）面各有一条纵行的浅沟，由冠状沟伸向心尖稍右方，分别称为"前室间沟"和"后室间沟"，为左心室和右心室的表面分界。左心房、左心室和右心房、右心室的正常位置关系呈现轻度由右向左的扭转现象，即右心偏于右前上方，左心偏于左后下方。心脏是一个中空的肌性器官，内有四腔，后上部为左心房和右心房，二者之间有房间隔分隔；前下部为左心室和右心室，二者之间隔以室间隔。在正常情况下，因房、室间隔的分隔，左半心和右半心不直接交通，但每个心房可经房室口通向同侧心室。右心房壁较薄，根据血流方向，右心房有三个入口和一个出口，入口为上、下腔静脉口和冠状窦口，其中冠状窦口为心壁静脉血回心的主要入口；出口即右房室口，右心房借助其通向右心室。房间隔后下部的卵圆形凹陷称为"卵圆窝"，为胚胎时期连通左心房和右心房的卵圆孔闭锁后的遗迹。右心房上部向左前突出的部分称为"右心耳"。右心室有出入二口，入口即右房室口，其周缘附有三块叶片状瓣膜，称为"右房室瓣"（三尖瓣），分别为前瓣、后瓣和隔瓣，瓣膜垂向室腔，并借许多线样的腱索与心室壁上的乳头肌相连；出口为肺动脉口，其周缘有三个半月形瓣膜，称为"肺动脉瓣"。左心房构成心底的大部分，有四个入口，一个出口。在左心房后壁的两侧，各有一对肺静脉口，为左右肺静脉的入口；左心房的前下有左房室口，通向左心室。左心房前部向右前突出的部分，称为"左心耳"。左心室有出入二口，入口即左房室口，周缘附有左房室瓣（二尖瓣），分别为前瓣和后瓣，它们有腱索分别与前、后乳头肌相连；出口为主动脉口，位于左房室口的右前上方，周缘附有半月形的主动脉瓣。

心脏的作用

心脏的作用是推动血液流动，向器官和组织提供充足的血流量，以供应氧和各种营养物质，并带走代谢的终产物(如二氧化碳、尿素和尿酸等），使细胞维持正常的代谢和其他功能。体内各种内分泌的激素和一些其他体液因素也要通过血液循环将它们运送到靶细胞，实现机体的体液调节，维持机体内环境的相对恒定。此外，血液防卫机能的实现，以及体温相对恒定的调节，也都要依赖血液在血管内不断地循环流动，而血液的循环是由于心脏"泵"的作用实现的。心脏的作用巨大，一个人在安静状态下，心脏每分钟约跳70下，每次泵血70毫升，每分钟约泵5升血，一个人的心脏一生泵血所作的功，大约相当于将3万千克的物体向上举到喜马拉雅山顶峰所作的功。

心脏本身不停地跳动需要营养供应，这些营养由冠脉循环的血液供应。左、右冠状动脉是由主动脉的根部发出的，而含氧量低的静脉血主要通过冠状静脉汇流入心。心的重量占全身体重的0.5%左右，但其血流量达全身血流量的5%，为250毫升/分钟，其血氧利用率已快达极限，动静脉含氧量差达14%。当心肌需氧时，有效的方法是通过冠脉扩张加大血流量。

如此重要的心脏，我们要好好保护，让它健康地为我们工作下去。

复杂的运输系统——循环系统

小刚在家看《人体奥秘》这本书，当看到血液循环这部分时，才知道人类对于血液循环的研究历史是漫长而又曲折的。

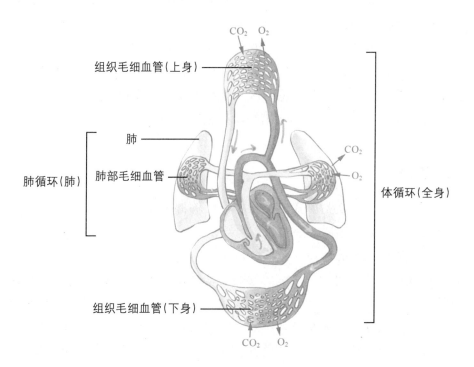

肺循环和体循环

图中标注：
- CO_2　O_2
- 组织毛细血管（上身）
- 肺
- 肺部毛细血管
- 肺循环（肺）
- CO_2
- O_2
- 体循环（全身）
- 组织毛细血管（下身）
- CO_2　O_2

循环系统的研究历程

人类对心脏的研究是与血液循环联系在一起的。早在古希腊时代，希波克拉底就认为，心脏有两心房和两心室。亚里士多德认为心脏是血管系统的中心，但他还不知道血管有动脉和静脉之分。1800多年前的古罗马名医盖仑，通过大量解剖实验得出结论，血管里流的是血液。但是盖仑的理论也不完全符合今天人们的认识，他认为血液不能循环，当它们在血管流过之后，便消失在人体远端。欧洲文艺复兴时期，比利时的维萨里和西班牙的塞尔维特质疑盖仑的理论，后者更是认为心肺之间存在小循环。维萨里因此被宗教裁判所判处死刑，塞尔维特后来也在"异教徒"的罪名下被执行了火刑。多才多艺的列奥纳多·达·芬奇通过秘密解剖，提出了心脏内分四腔。

1578年出生在英国福克斯通镇的医生威廉·哈维所发表的《心血运动论》是生理学诞生的标志。哈维通过逻辑推理，以及解剖大量的动物（蛇和兔）得出该结论。《心血运动论》指出人体血管是一个封闭的管道系统，血液能循环流动，血液从静脉流入心脏，借道动脉，流往身体其他各处，而其动力来源于心脏。后来，意大利人马尔比基用显微镜观察到了毛细血管的存在，正是这些细小的血管将动脉与静脉连在了一起，从而进一步验证了哈维的血液循环理论。

血液循环

人类血液循环是封闭式的，根据循环的部位和功能不同，分为体循环（大循环）和肺循环（小循环）两部分。

1.体循环（大循环）

体循环的血管包括从心脏出发的主动脉及其各级分支，以及返回心脏的上腔静脉、下腔静脉、冠状静脉窦及其各级属支。左心室的血液射入主动脉，沿动脉进入全身各部的毛细血管，通过细胞间液同组织细胞进行物质交换。血液中的氧和营养物质被组织吸收，而组织中的二氧化碳和其他代谢产物进入血液中，变动脉血为静脉血，然后汇入小静脉和大静脉，最后经上腔静脉和下腔静脉回到右心房。体循环静脉分为上腔静脉系、下腔静脉系(包括门静脉系)和心静脉系三大系统。上腔静脉系是收集头颈、上肢和胸背部等处的静脉血回到心脏的管道。下腔静脉系是收集腹部、盆部和下肢部静脉血回到心脏的管道。心静脉系是收集心脏的静脉血液管道。

2.肺循环（小循环）

肺循环的血管包括肺动脉和肺静脉。肺动脉内的血液为静脉血。右心室的血液经肺动脉只到达肺毛细血管，在肺内毛细血管中同肺泡内的气体进行气体交换，排出二氧化碳吸进氧气，血液变成鲜红色的动脉血，经肺静脉返回左心房。

左心室（此时为动脉血）→主动脉→各级动脉→毛细血管（进行物质交换后，变成静脉血)→各级静脉→上下腔静脉→右心房→右心室→肺动脉→肺部毛细血管（进行物质交换后，变成动脉血）→肺静脉→左心房→最后回到左心室，开始新一轮循环。

3.血液循环的功能

血液循环的主要功能是完成体内的物质运输。在人的体内循环流动的血液可以把营养物质输送到全身各处，并将人体内的废物收集起来，排出体外。当血液流出心脏时，它把养料和氧气输送到全身各处；当血液流回心脏时，它又将机体产生的二氧化碳和其他废物，输送到排泄器官，排出体外。血液循环一旦停止，机体各器官组织将因失去正常的物质转运而发生新陈代谢障碍，同时体内一些重要器官的结构和功能将受到损害，尤其是对缺氧敏感的大脑皮层，只要大脑中血液循环停止3~4分钟，人就丧失意识；血液循环停止4~5分钟，半数以上的人发生永久性的脑损害；血液循环停止10分钟，即使智力没有全部毁掉，也会毁掉绝大部分。

排毒的重要器官——肾脏

　　小明同奶奶回家，路上碰到邻居赵爷爷和赵奶奶刚从医院回来，一聊才知道赵爷爷因为肾病去医院做血液透析刚回来，一周要去两次，很痛苦。奶奶也是很唏嘘，一个劲要赵爷爷好好养病。小明回家后问奶奶："为什么要去医院做血液透析？要怎么做？赵爷爷的肾有病了，那换个肾不行吗？"奶奶看着小明不知道怎么解释好了。

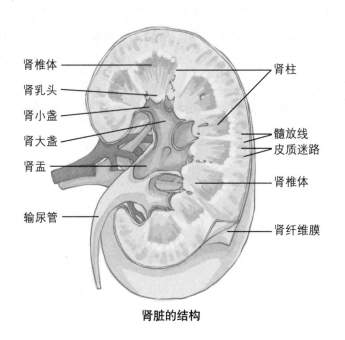

肾脏的结构

什么是肾脏

　　肾脏属于泌尿系统的一部分，正常成人具备两枚肾脏。肾脏位于脊柱两侧，紧贴腹后壁，居腹膜后方，似拳头大小，扁豆形，长10～12厘米、宽5～6厘米、厚3～4厘米、重120～150克，通过肾脏的血流占总血量的1/4。在生理上，肾脏主要可影响血流量、血液组成、血压调节和骨骼发育，并带有部分重要的代谢功能，相关病变可引起发育异常、水肿或脱水、免疫系统的破坏，甚至可导致死亡。

肾脏的内部结构

肾脏的内部结构分为肾实质和肾盂两部分。从肾纵切面看，肾实质分内外两层：外层为皮质，内层为髓质。肾皮质新鲜时呈红褐色，由100多万个肾单位组成。每个肾单位由肾小球、肾小囊和肾小管构成，部分皮质伸展至髓质锥体间，成为肾柱。肾髓质新鲜时呈淡红色，由10～20个锥体随构成。肾锥体在切面上呈三角形。锥体底部向肾凸面，尖端向肾门，锥体主要组织为集合管，锥体尖端称为"肾乳头"，每一个肾乳头有10～20个乳头管，向肾小盏漏斗部开口。在肾窦内有肾小盏，为漏斗形的膜状小管，围绕肾乳头。肾锥体与肾小盏相连接。每个肾有7～8个肾小盏，相邻2～3个肾小盏合成一个肾大盏。每个肾有2～3个肾大盏，肾大盏汇合成扁漏斗状的肾盂。肾盂出肾门后逐渐缩窄变细，移行为输尿管。

肾单位是肾脏结构和功能的基本单位。每个肾单位由肾小体和肾小管组成。肾小体内有一个毛细血管团，称为"肾小球"。肾小球是个血管球，由肾动脉分支形成。肾小球外有肾小囊包绕。肾小囊分两层，两层之间有囊腔与肾小管的管腔相通。

肾脏的作用

1.分泌尿液

肾脏的基本生理功能是分泌尿液，排出代谢废物、毒物和药物。肾血流量占全身血流量的1/4～1/5，肾小球滤液每分钟约生成120毫升，一昼夜总滤液量为170～180升。滤液流经肾小管时，99%被回吸收，因此正常人尿量约为1500毫升/天。葡萄糖、氨基酸、维生素、多肽类物质和少量蛋白质在近曲小管几乎被全部回收。而肌酐、尿素、尿酸及其他代谢产物经过选择，部分吸收或完全排出。肾小管还可分泌排出药物和毒物，如酚红、对氨马尿酸、青霉素类和头孢霉素类等。如果药物与蛋白质结合，则可通过肾小球滤过而排出。

2.调节体内水和渗透压

肾脏可以调节体内水和渗透压，肾小管是调节人体水和渗透压平衡的主要部位。近曲小管为等渗性再吸收，是吸收钠离子和分泌氢离子的重要场所。在近曲小管中，葡萄糖和氨基酸被完全回收，碳酸氢根被回收70%～80%，水和钠被回收65%～70%。滤液进入髓袢后进一步被浓缩，约25%的氯化钠和15%的水被回收。远曲和集合小管不透水，但能吸收部分钠盐，使液体维持在低渗状态。

3.调节电解质

肾脏还能够调节电解质浓度，肾小球滤液中含有多种电解质，进入肾小管后，钠、钾、钙、镁、碳酸氢、氯和磷酸离子等大部分被回吸收，按人体的需要，起到维持人体生命活动的作用。

4.调节酸碱平衡

肾脏可以调节酸碱平衡。人体血浆的酸碱度取决于其氢离子浓度，正常人动脉血pH值为7.35～7.45。生命活动中，随机体细胞的代谢不断产生酸性或碱性物质，而机体pH值始终保持稳定，这主要依靠体内各种缓冲系统，以及肺和肾的调节来实现。肾脏通过排出酸性物质和回吸收碱性物质的方式来调节体内的酸碱平衡，还可通过控制酸性和碱性物质排出量的比例来维持酸碱平衡。

5.分泌激素

肾脏具有内分泌功能，能分泌不少激素并销毁许多多肽类激素。肾脏分泌的内分泌激素主要有血管活性激素、肾素、前列腺素和激肽类物质，参加肾内外血管舒缩的调节，还能生成红细胞生成素等物质。

肾脏通过排泄代谢废物、调节体液、分泌内分泌激素来维持体内内环境稳定，使新陈代谢正常进行。一旦肾脏患有疾病，这些功能就会受到影响，那么就要通过人工方法排除这些毒素。其中，最常见的方法就是血液透析，俗称"人工肾"或"洗肾"，是血液净化技术的一种。将对人体内各种有害或多余的代谢废物，以及过多的电解质移出体外，达到净化血液的目的。

憋尿不好

玲玲学校组织下乡学农，到了农村后她感觉一切都很新鲜，吃和住也不错，就是农村的室外厕所，她实在是有些受不了，苍蝇、飞虫，还有很多叫不上名的爬虫。天哪！太可怕了，于是玲玲有尿也憋着，实在憋不住了才硬着头皮去一趟，老师知道后告诉她，这可不行。

膀胱的结构

膀胱是一个储尿器官，是由平滑肌组成的囊形结构，位于骨盆内，其后端开口与尿道相通。尿液由肾脏形成，不断由输尿管注入膀胱。膀胱与尿道的交界处有括约肌，可以控制尿液的排出。空虚时膀胱呈锥体形，充满时形状变为卵圆形，顶部可高出耻骨上缘。成人膀胱尿液容量为300～500毫升。膀胱底的内面有三角形区，称为"膀胱三角"，位于两输尿管口和尿道内口三者连线之间。膀胱的下部有尿道内口，膀胱三角的两个后上角是输尿管开口的地方。膀胱壁由三层组织组成，由内向外分别为黏膜层、肌层和外膜。肌层由平滑肌纤维构成，称为"逼尿肌"，逼尿肌收缩可使膀胱内压升高，压迫尿液由尿道排出。在膀胱与尿道交界处有较厚的环形肌，形成尿道内括约肌。括约肌收缩能关闭尿道内口，防止尿液自膀胱漏出。

憋尿的危害

排尿活动在很大程度上受到意识的控制，在膀胱充盈不足时也能完成排尿动作。因此，在精神紧张时，通常有人表现为尿意频繁。正常人在每次排尿后，膀胱内并非完全空虚，一般还有少量尿液残留，称为"残留尿"。正常成人的残留尿量为10～15毫升。残留尿量的多少与膀胱功能有着密切关系，老年人残留尿量通常有所增加。残留尿量的增加是导致下尿路感染的常见原因之一。

有些人经常憋尿，如开长会、外出旅游、乘长途车、厕所在户外、冬季怕冷等因素导致不能及时如厕，使尿液较长时间地留在膀胱内，造成膀胱内压力过高。正常人膀胱壁承受的压力是有限的，在正常压力下，膀胱内膜有自我保护机制，可吞噬细菌，使自己免受侵犯。如果膀胱内尿液过多，超过了正常膀胱壁所能承受的压力，就会对膀胱内膜造成伤害，这种自我保护的能力也会受到损伤，细菌就可乘虚而入，引发膀胱炎。某些致病菌的纤毛，可附着于尿路黏膜上，经输尿管上行至肾盂，引起肾盂肾炎，临床上会表现为腰痛、尿频、尿痛和血尿等症状，长期反复的慢性感染还会造成肾功能损害，甚至导致患上尿毒症。

医学上称憋尿为"强制性尿液滞留"。长时间憋尿会使膀胱内的尿液越积越多，含有细菌和有毒物质的尿液未能及时排出，就容易引起膀胱炎、尿道炎、尿痛、尿血或遗尿等疾病。严重时，尿路感染还能向上蔓延到肾脏，引起肾盂肾炎，甚至影响到肾功能。憋尿可引起生理和心理上的紧张，使高血压病人血压增高，冠心病人出现心绞痛或心律失常等。国外研究资料表明，排尿次数与膀胱癌的发病率密切相关，排尿次数越少，患膀胱癌的危险性越大，因为憋尿增加了尿中致癌物质对膀胱的作用时间。美国科学家的研究报告称，有憋尿习惯者患膀胱癌的可能性要比一般人高3～5倍。

所以一旦有了尿意，应该及时排尿，不应该强迫自己憋尿。

为什么还会尿床

　　小刚上初中了，除了身高增长幅度加快外，还多了很多其他变化，如长出胡须了，说话声音也变粗了很多。爸爸说："我家小刚快成男子汉了。"小刚也很高兴，可有一天早上迷迷糊糊醒来，发现内裤湿乎乎的。天哪！不会是尿床了吧！小刚想我都快成男子汉了，怎么还尿床啊，真丢人！可感觉同小时的尿床不太一样啊，"尿"很少啊，还黏糊糊的，问问爸爸吧！爸爸知道后拍拍小刚的后背："儿子，这下你成为真正的男子汉了。"原来这一切都和男性生殖系统的成熟有关。

男性生殖系统的组成

　　男性生殖系统包括内生殖器和外生殖器两个部分。内生殖器由生殖腺（睾丸）、输精管道（附睾、输精管、射精管和尿道）和附属腺（精囊腺、前列腺和尿道球腺）组成。外生殖器包括阴囊和阴茎。

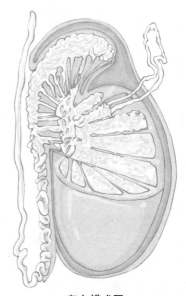

睾丸模式图

1.睾丸

　　睾丸位于阴囊内，左右各一个，呈扁椭圆状，分上、下端，内、外面，前、后缘，表面包被致密结缔组织，这层组织称为"白膜"。在睾丸后缘，白膜增厚并突入睾丸实质内形成放射状的小隔，把睾丸实质分隔成许多呈锥体形的睾丸小叶，每个小叶内含2~3条曲细精管。曲细精管之间的结缔组织内有间质细胞，可分泌男性激素。曲细精管在睾丸小叶的尖端处汇合成精直小管，再互相交织成网，最后在睾丸后缘发出十多条输出小管进入附睾。睾丸具有产生精子和分泌雄性激素的双重功能。

　　男性进入青春期后，睾丸发育成熟，曲精小管的管壁扩大，管壁由生精上皮构成，生精上皮上面的生精细胞和支持细胞不断生长，受腺垂体分泌的精子生成素的作用和间质细胞所产生的雄激素的影响，精原细胞开始发育，增殖形成精子细胞，再变形为精子，脱落进入曲精小管腔内。生精周期为两个半月左右。生成的精子脱落在管腔中，然后经曲精小管、直精小管和输出小管进入附睾中贮存。射精时，精子随精浆一同排出。如果没有射精，精子贮存到一定时间后，就会被分解然后被组织吸收。

　　睾丸的间质细胞主要分泌以睾丸素为主的雄激素，每天分泌4～9毫克，自青春期开始分泌增多，到老年时减少，但可维持终生。雄激素的主要生理作用为刺激男性附性器官的发育，并维持成熟状态；作用于曲精小管，有助于精子的生成与成熟；刺激附征出现，并保持正常状态；维持正常性功能；刺激红细胞的生成和长骨的生长；参与机体代谢活动，促进蛋白质合成（特别是肌肉、骨骼和生殖器官等部位）。

2.附睾

　　附睾紧贴睾丸的上端和后缘，分为头、体和尾三部分。头部由输出小管组成，输出小管的末端连接一条附睾管。附睾管长4～5米，分为体部和尾部，为精子生长成熟提供营养，附睾管壁上皮分泌物（某些激素、酶和特异物质）为精子生长提供营养。精子在此处贮存、发育成熟并具有活力。

3.输精管

　　输精管长约40厘米，呈紧硬圆索状，行程较长，从阴囊到外部皮下，再通过腹股沟管入腹腔和盆腔，在膀胱底的后面精囊腺的内侧，膨大形成输精管壶腹，其末端变细，与精囊腺的排泄管合成射精管。射精管长约2厘米，贯穿前列腺，开口于尿道前列腺部。精索是一对扁圆形索条，由睾丸上端延至腹股沟管内口，由输精管、睾丸动脉、蔓状静脉丛、神经丛和淋巴管等外包三层筋膜构成。

4.前列腺

　　附属腺中的精囊腺是扁椭圆形囊状器官，位于膀胱底之后、输精管壶腹的外侧，其排泄管与输精管末端合成射精管。前列腺呈栗子形，位于膀胱底和尿生殖膈之间，分为底、体和尖三部分。体后面有一条纵生浅沟为前列腺沟，内部有尿道穿过，能够分泌一种含较多草酸盐和酸性磷酸酶的乳状碱性液体，称为"前列腺液"。这种液体是精浆的重要组成成分，约占精浆的20%。前列腺液的作用是可以中和射精后精子遇到的酸性液体，从而保证精子的活动和受精能力，同时具有内分泌作用，可以分泌激素。这种激素称为"前列腺素"，具有运送精子和卵子，以及影响子宫运动等功能。尿道球腺埋藏在尿生殖膈内，呈豌豆形，开口于尿道海绵体的起始部，能够分泌呈蛋清样碱性液体，排入尿道球部，参与精液组成。

5.阴囊

外生殖器中的阴囊是由皮肤构成的囊。皮下组织内含有大量平滑肌纤维，称为"肉膜"，肉膜在正中线上形成阴囊中隔将两侧睾丸和附睾隔开。阴囊皮肤为平滑肌和结缔组织构成的肉膜，通过收缩和舒张来调节囊内温度。阴囊内温度低于体温，这对精子发育和生存有重要意义。精细胞对温度比较敏感，当体温升高时，阴囊舒张，便于降低阴囊骨的温度；当体温降低时，阴囊收缩，以维持阴囊内的温度。男孩出生后，睾丸一直不能从腹腔下降至阴囊内，称为"隐睾症"，如果不进行手术治疗，会影响成年后的生育功能。

6.阴茎

阴茎分为阴茎头、阴茎体和阴茎根三部分，头体部间有环形冠状沟。阴茎头为阴茎前端的膨大部分，尖端生有尿道外口，头后稍细的部分称为"阴茎颈"。阴茎由两个阴茎海绵体和一个尿道海绵体构成，外面包以筋膜和皮肤。尿道海绵体有尿道贯穿其全长，前端膨大成阴茎头，后端膨大形成尿道球。每条海绵体的外面包被着一层纤维膜，海绵体的内部有结缔组织和平滑肌构成的小梁，小梁间的空隙腔称为"海绵体腔"，海绵体腔与血管相通，如果腔内充血海绵体膨大，则阴茎勃起。海绵体根部附着肌肉，协助排尿、阴茎勃起和射精。阴茎皮肤薄而易于伸展，适于阴茎勃起。阴茎体部至颈部皮肤游离向前形成包绕阴茎头部的环形皱襞称为"阴茎包皮"。

遗精现象

　　男性一般到了十五六岁以后便会有遗精现象，这是男子性成熟的一个标志，大多数属于生理现象，即所谓的"精满自溢"。遗精都是发生在睡眠中，是一种无性活动的射精。人的两个睾丸是制造精子的"工厂"，在青春期后，由于性激素的增加，两个睾丸昼夜不停地生产精子，然后送到仓库里去储存，这个仓库就是"贮精囊"。如果贮精囊满了，在睡眠的情况下，快相睡眠时期，阴茎可以勃起，此时出现一些与性有关的梦境会使充满了精液的贮精囊把精液排出来，这完全是正常的现象。随着睾丸的发育成熟产生精子，便会出现遗精现象，但并不是每个男性都有遗精。据统计，只有80%的男性会遗精，而不遗精的男性要占20%，不能以有无遗精现象来判断生育能力。

　　遗精的心理调护非常重要，尤其是青少年，要接受性知识的宣教，自觉抵制黄色淫秽书刊、电影和录像等不良影响，生活节奏要有规律，把精力集中在学习上，多做室外活动，注意睡眠姿势，避免仰卧，不穿紧身衣裤，不饮酒和不过食辛辣刺激性食物，不吸烟，常洗内衣、内裤，注意外生殖器卫生。如果生殖系统有病变，如前列腺炎、精囊炎、包茎、包皮过长和龟头炎等，要及时去医院诊治。

有意义的周期

　　今天，琳琳肚子疼得很厉害，她脸色苍白，趴在桌子上，同学们都很关心她，都问她怎么了。可是她就是不说，自己心里暗自着急，怎么说得出口呀，自己肚子疼是因为痛经，真是讨厌，每次都要经历这种痛苦，要是没有月经该多好。可是妈妈说，这种女性的月经周期是有意义的，对女性而言是十分必要的。

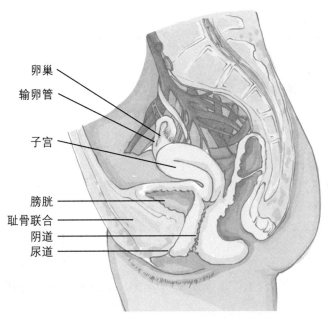

女性内生殖器模式图

卵巢
输卵管
子宫
膀胱
耻骨联合
阴道
尿道

女性生殖系统

　　女性生殖系统包括内生殖器、外生殖器及其相关组织。女性内生殖器包括阴道、子宫、输卵管和卵巢。女性外生殖器，又称为"外阴"，包括阴阜、大阴唇、小阴唇、阴蒂、前庭、前庭大腺、前庭球、尿道口、阴道口和处女膜。

1.女性内生殖器

女性内生殖器包括阴道、子宫、输卵管和卵巢，输卵管和卵巢常被称为"子宫附件"。

阴道位于真骨盆下部的中央，为性交器官，也是月经血排出与胎儿娩出的通道。阴道是一条前后略扁的肌性管道，上端包围子宫颈。环绕子宫颈周围的部分称为"阴道穹窿"，分为前、后、左、右四部分。后穹窿较深，其顶端即子宫直肠陷凹，是腹腔的最低位置，是性交后精液积聚的主要部位，又称为"阴道池"，有利于精子进入子宫腔。阴道下端开口于阴道前庭后部，前壁与膀胱和尿道相邻，后壁与直肠贴近，即阴道在膀胱、尿道和直肠之间。阴道本身具有自净作用，这是因为阴道上皮细胞内含有丰富糖原，这种糖原是由寄生在阴道内的阴道杆菌分解而生成的乳酸。乳酸使阴道内形成酸性环境，可防止许多致病菌的繁殖。长期使用碱性沐浴露或清水清洗阴道，会杀死对身体有益的阴道杆菌，降低局部抵抗力，增加感染机会。

子宫位于骨盆腔中央，呈倒置的梨形，前面扁平，后面稍突出。成年的子宫长7～8厘米，宽4～5厘米，厚2～3厘米，子宫腔容量约为5毫升。子宫上部较宽，称为"子宫体"，其上端隆起突出的部分，称为"子宫底"。子宫底两侧为子宫角，与输卵管相通。子宫的下部较窄，呈圆柱状，称为"子宫颈"。子宫是一个空腔器官，腔内覆盖有黏膜，称为"子宫内膜"。从青春期到更年期，子宫内膜受卵巢激素的影响，有周期性的变化并产生月经。性交时，子宫是精子到达输卵管的通道。受孕后，子宫是胚胎发育和成长的场所。分娩时，子宫收缩，使胎儿及其附属物娩出。

输卵管是一对细长且弯曲的管道，左右各一条，位于子宫两侧，内侧与子宫角相通连，外端游离，而与卵巢接近，全长8～14厘米。输卵管是卵子和精子相遇的场所，受精后的孕卵由输卵管向子宫腔运行。输卵管根据形态分为四部分：间质部，又称为"子宫部"，为通入子宫壁内的部分，狭窄且短；峡部，为间质部外侧的一段，管腔也较窄，长3～6厘米；壶腹部，在峡部外侧，管腔较宽大，长5～8厘米；漏斗部，又称为"伞部"，为输卵管的末端，开口于腹腔，游离端呈漏斗状，有许多须状组织，有"拾卵"作用。输卵管黏膜受女性激素的影响，也有周期性的组织学变化，但不如子宫内膜明显。此外，在排卵期间，输卵管液中糖原含量迅速增加，从而为精子提供足够的能量。

卵巢是一对扁椭圆形的性腺器官，位于输卵管的下方，外侧以漏斗韧带连接于骨盆壁，内侧以骨盆卵巢固有韧带与子宫相连。卵巢在青春期前，表面光滑，青春期开始排卵后，卵巢表面逐渐变得凹凸不平。成年女子的卵巢约为4厘米×3厘米×1厘米大小，重5～6克，呈灰白色；绝经期后卵巢萎缩变小、变硬。卵巢表面无腹膜，由表面上皮覆盖，其内有一层纤维组织，即卵巢白膜。白膜下的卵巢组织可分为皮质和髓质两部分。皮质在外层，其中有数以万计的始基卵泡和致密的结缔组织；髓质在卵巢的中心部分，含有疏松结缔组织、丰富的血管、神经、淋巴管以及少量与卵巢悬韧带相连续的平滑肌纤维，髓质内无卵泡，平滑肌纤维对卵巢的运动具有作用。

卵巢作为女性主要的性腺器官，其主要功能是排卵和分泌女性激素。排卵大多发生在两次月经中间，在每一个月经周期里，可以同时有8～10个卵泡发育，但一般只有一个卵泡达到成熟程度，而其余卵泡先后退化，形成闭锁卵泡。成熟卵泡突出于卵巢表面，卵泡破裂而使卵子从卵巢内排出。

2. 女性外生殖器

女性外生殖器是指生殖器官的外露部分，又称为"外阴"。从外观上看，阴蒂是一个很小的结节组织，很像阴茎，位于两侧小阴唇的顶端，在阴道口和尿道口的前上方，富有感觉神经末梢，感觉特别敏锐，是女性最敏感的性器官，能像阴茎一样充血勃起，对触摸尤其敏感。

大阴唇为柔软丰厚的皮肤组织，包含可制造油脂的腺体和少量阴毛，为外阴两侧、靠近两股内侧的一对长圆形隆起的皮肤皱襞，前连阴阜，后连会阴，由阴阜起向下向后伸展开来，前面左、右大阴唇联合成为前联合，后面的两端会合成为后联合，后联合位于肛门前，但不如前联合明显。大阴唇外面长有阴毛，皮下为脂肪组织、弹性纤维和静脉丛。小阴唇是一对柔软黏膜皱襞皮肤，在大阴唇的内侧，表面湿润。小阴唇的左右两侧的上端分叉相互联合，其上方的皮褶称为"阴蒂包皮", 下方的皮褶称为"阴蒂系带", 阴蒂就位于它们中间。小阴唇的下端在阴道口底下会合, 称为"阴唇系带"。小阴唇黏膜下有丰富的神经分布, 感觉敏锐。

两侧小阴唇所圈围的菱形区称为"前庭", 表面有黏膜遮盖, 近似一个三角形。三角形的尖端是阴蒂, 底边是阴唇系带, 两边是小阴唇。尿道开口在前庭上部, 阴道开口在它的下部。此区域内还有尿道旁腺、前庭球和前庭大腺。前庭球是一对海绵体组织, 又称为"球海绵体", 有勃起性, 位于阴道口两侧, 前与阴蒂静脉相连, 后接前庭大腺, 表面为球海绵体肌所覆盖。前庭大腺又称为"巴氏腺", 位于阴道下端, 大阴唇后部, 也被球海绵体肌所覆盖, 是一边一个如小蚕豆大的腺体。它的腺管很狭窄, 开口于小阴唇下端的内侧, 腺管的表皮大部分为鳞状上皮, 仅在管的最里端由一层柱状细胞组成。

月经

女性月经是由下丘脑、垂体和卵巢三者生殖激素之间的相互作用而形成的。在月经周期中的月经期和增殖期, 血液中雌二醇和黄体酮水平很低, 从而对腺垂体和下丘脑的负反馈作用减弱或消除, 促进下丘脑对性腺激素的分泌增加, 继而导致腺垂体分泌的尿促卵泡素和黄体生成素增多, 使卵泡发育, 雌激素分泌逐渐增多。此时, 雌激素刺激子宫内膜进入增殖期, 黄体生成素使孕激素分泌增多, 导致排卵, 雌激素和孕激素水平均升高。这对下丘脑和腺垂体产生负反馈抑制加强作用, 使排卵刺激素和黄体生成素水平下降, 导致黄体退化, 雌激素和孕激素水平降低。子宫内膜失去这两种激素的支持而剥落、出血, 即发生月经。此时, 雌激素和孕激素减少, 又开始了下一个月经周期。

一个女人的初次月经被称为"初潮", 而初潮的出现标志着女性已经步入了青春期。女性初潮时的平均年龄为12岁, 而8~16岁初潮也属于正常现象。遗传、饮食和身体健康等多方面因素可以使初潮提前或者延后到来。月经的停止标志着女性已经迈入了绝经期, 又称为"更年期"。绝经期女性的平均年龄为51岁, 当然就像初潮一样, 遗传、疾病、手术和医学治疗等多方面因素会使绝经期提前或者延后，40～58岁步入绝经期均属于正常现象。

月经周期对人类的传宗接代有重要意义，掌握月经周期的规律，对于人类避孕或者优生优育有非常重要的作用。月经大大降低了癌症发生的几率，女性比男性患癌症的几率小40%左右。同时，月经还可以促进血液循环，时常造新血，让新陈代谢加快速度，对身体有一定的好处。

儿的生日，母的难日

小梅的生日快到了，她同爸爸妈妈商量想请好朋友到家里来开个生日晚宴。爸爸妈妈问了一下情况，高兴地答应了。当小梅在班级通知几个要好的朋友时被老师知道了，老师把小梅叫到办公室说："你知道民间有句俗语吗？儿的生日，母的难日。"小梅想了想，知道生日那天早上她该怎么做了。

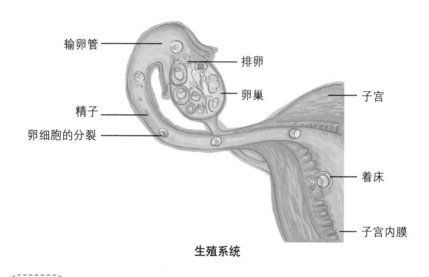

生殖系统

输卵管
排卵
卵巢
子宫
精子
卵细胞的分裂
着床
子宫内膜

受精

每个人都是由受精卵发育来的，精子跟卵细胞相结合的过程称为"受精"。在受精过程中，一般只有一个精子进入卵细胞，与卵细胞核融合，形成受精卵，其他精子则逐渐萎缩和溶解。产生精子和卵细胞的过程，也是男女有别的。

1.精子

精子是男性成熟的生殖细胞，在睾丸中形成。成熟精子形似蝌蚪，长约60微米，由含亲代遗传物质的头和具有运动功能的尾组成，分为头、颈、中和尾四部分。精子需要大约10周的时间达到成熟，成熟的精子储存在附睾中。成年男性每次排出的精液量为2～5毫升，每毫升中约有一亿个精子。

2.卵子

卵子，又称为"卵细胞"，是女性独有的细胞，是产生新生命的母细胞。人的卵子肉眼可见，直径约0.2毫米。卵细胞是球形的，有一个核，由卵黄膜包被着，是人体最大的细胞。女性的卵巢主要功能除分泌女性必需的性激素外，就是产生卵子。女孩在胚胎时期3～6孕周时既已形成卵巢的雏形。出生前，卵巢中已有数百万个卵母细胞形成，经过儿童期和青春期，到成年只剩10万多个卵母细胞了。卵母细胞包裹在原始卵泡中，在性激素的影响下，每月只有一个原始卵泡成熟，成熟的卵子再从卵巢排出到腹腔。一般来讲，女性一生成熟的卵子为300～400个，其余的卵母细胞都自生自灭了。一个卵细胞排出后约可存活48小时，在这48小时内卵子等待着与精子相遇和结合。如果卵子排出后由于多种原因不能与精子相遇形成受精卵，便在48～72小时后自然死亡。一个月后，另一个卵子就会成熟并被排出。这样的过程一直在重复着。左、右两个卵巢通常轮流排卵，少数情况下能同时排出两个或两个以上的卵子。如果这些卵子分别与精子相结合，就出现了双卵双胞胎和多卵多胞胎。

3.受精过程

性交时，精液被射入阴道，精子从精浆中游出，穿越子宫颈、子宫腔和输卵管峡部，最后抵达输卵管壶腹部与卵母细胞相遇。一般来说，精子在阴道里的寿命不超过8小时，只有一小部分精子脱险并继续向前进。当精子争先恐后地上行到达子宫腔内时，其数量只有射精时的1%～5%，这是为什么呢？射精时，留存在精液中的精子可以得到精液里大量的果糖和分解糖的酶的保护，当精子进入子宫腔后就离开了精液，其生存条件远远不如在精液之中，因此寿命也就大为缩短。质量差的精子运行较慢、不能很快到达宫腔，也就失去了活力。经过道道关卡，最终能够到达输卵管受精部位的精子就所剩无几了。然而，精子只要进入输卵管内，就具有很强的受精能力。当然，最后仅有1～2个精子有幸能与卵子结合，其余的精子则在24～36个小时内先后死亡。当一个精子进入一个次级卵母细胞的透明带时，受精过程即开始。当卵原核和精原核的染色体融合在一起时，则标志着受精过程的完成。

卵子受精后即开始有丝分裂，并在分裂的同时向子宫腔方向移动。受精卵在输卵管内36小时后分裂成2个细胞，72小时后分裂成16个细胞，这种细胞称为"桑椹胚"。受精后第四日，细胞团进入子宫腔，并在子宫腔内继续发育，这时，细胞已分裂成48个细胞，成为胚泡准备植入。胚泡可以分泌一种激素，帮助胚泡自己埋入子宫内膜。受精后第六日至第七日，胚泡开始着床。着床位置多在子宫上1/3处，植入完成意味胚胎已安置，并开始形成胎盘，孕育胎儿。

妊娠

受精卵在母体内生长发育的过程称为"妊娠"，也就是平常所说的怀孕。妊娠期间的妇女称为"孕妇"。卵子受精是妊娠的开始，胎儿及其附属物即胎盘。胎膜自母体内排出是妊娠的终止，妊娠全程为280天，28天为一个妊娠月，全程为10个妊娠月或40周，由于卵子受精的日期不易准确确定，因此有预产期之称。推算预产期的方法是：从末次月经的第一日算起，月份加9，日数加7；或者月份减3，日数加7。

1.生殖系统的变化

妊娠期间由于胎儿生长发育的需要，母体各系统发生了一系列适应性变化，其中以生殖系统的变化最为明显。胎儿在子宫内生长发育，妊娠期子宫变化最为显著，例如子宫肌纤维增生和增殖，使子宫壁逐渐增厚，宫腔变大，血流量增加。子宫腔未孕时容积仅为4～7毫升，而妊娠足月时子宫腔容纳胎儿、羊水和胎盘等，容积高达5000毫升，比未孕子宫腔容积增加近1000倍。子宫大小由未孕前的7厘米×5厘米×3厘米增加到35厘米×22厘米×25厘米，重量则从50克增至1200克。孕妇乳房逐渐变大、变软，乳头和乳晕色素沉着，孕晚期偶有少量黄色液体分泌，这些液体称为"初乳"，正式分泌乳汁需在分娩以后。

2.循环系统和血液系统的变化

妊娠期循环系统和血液系统新陈代谢的增加，导致心脏和循环系统发生了很大变化。首先是血容量增加，妊娠期总循环量增加

30%～45%，其中血浆增加40%～50%，血细胞增加18%～30%，形成生理性血液稀释。这种低血红蛋白除了血液稀释外，往往伴有铁的缺乏。其次是心率增快，约增加10次/分。另外，妊娠后期横膈上升，心脏向左移位，血流速度加快，以致较多的孕妇可在心尖区及肺动脉区听到柔软的收缩期吹风样杂音。

3.泌尿系统的变化

泌尿系统妊娠后雌激素和孕激素增多，使泌尿系统肌张力降低。自妊娠中期即可见肾盂及输尿管呈轻度扩张，输尿管增粗，蠕动减弱，尿流缓慢，常有尿留滞现象，且右侧输尿管受右旋子宫的压迫，右卵巢血管又在骨盆入口处跨过输尿管，使之容易受压，加之，妊娠后尿内含葡萄糖和氨基酸量增高，易受细菌感染，所以孕妇易发生肾盂肾炎，尤以右侧多见。

4.呼吸系统

孕妇鼻咽和呼吸道黏膜充血或水肿，容易发生上呼吸道感染。此外，妊娠期肺功能虽无降低，但由于孕妇需氧量增加，发生妊娠合并呼吸系统疾病时病情多易加重。

5.消化系统

妊娠期胃肠道平滑肌张力降低，贲门括约肌松弛，胃内容物可能逆流至食管引起"烧心"感，胃排空时间延长，胃酸蛋白酶减少，孕妇易恶心。另外，胃肠蠕动减弱，孕妇常腹胀或便秘。

6.新陈代谢的变化

在妊娠期间，孕妇的各种新陈代谢均增加，血脂升高，储糖功能降低，易有低血糖和生理性尿糖出现，体重也增加，妊娠全程平均增重10～12千克，包括胎儿、胎盘、羊水、子宫、乳腺和母体血容量等。

从生理角度看，青年人的身体完全发育成熟，完全成熟一般在23～25岁，男子比女子还要迟一些。青年人在身体发育完全成熟之后结婚生育是比较适合的。

乌溜溜的黑眼珠

　　小刚在走廊上就遇到了英语老师，旁边还有一个外国人，小刚连忙问好。老师看到小刚对他说："这位是这学期大家的外教老师，来自美国。"外教老师也很亲切地和小刚打了个招呼，小刚发现外教老师的眼睛是蓝色的，和我们是不一样的，为什么呢?

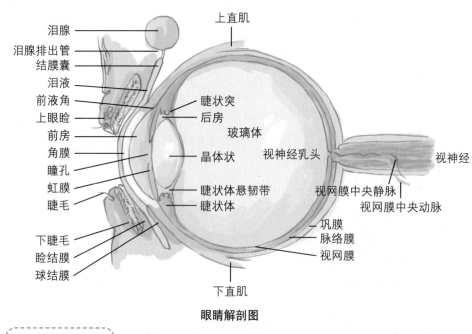

眼睛解剖图

眼睛的作用

　　眼睛是人类感观中最重要的器官，大脑中大约有80%的知识和记忆都是通过眼睛获取的。人读书认字、看图赏画、看人物、欣赏美景等都要用到眼睛。眼睛能辨别不同的颜色和不同的光线，再将这些视觉和形象转变成神经信号，传送给大脑。人的眼睛近似球形，位于眼眶内。正常成年人眼睛前后径平均为24毫米，垂直径平均为23毫米，最前端突出于眶外12～14毫米，受眼睑保护。

眼睛的组成

眼睛由眼球和眼的附属器官组成，主要部分是眼球，眼球包括眼球壁、眼内腔、神经、血管等组织。

1.眼球壁

眼球壁主要分为外、中、内三层。

眼球壁外层由角膜和巩膜组成，前1/6为透明的角膜，其余5/6为白色的巩膜，俗称"眼白"。眼球外层具有维持眼球形状和保护眼内组织的作用。角膜是眼球前部的透明部分，光线经此射入眼球，是接收信息的最前哨入口，稍呈椭圆形，略向前突，横径为11.5～12毫米，垂直径为10.5～11毫米，周边厚约1毫米，中央为0.6毫米。角膜前的一层泪液膜有防止角膜干燥、保持角膜平滑和光学特性的作用。角膜含丰富的神经，感觉敏锐，除了是光线进入眼内和折射成像的主要结构外，也起保护作用，还是测定人体知觉的重要部位。巩膜为致密的胶原纤维结构，不透明，呈乳白色，质地坚韧。

眼球壁中层，又称为"葡萄膜"或"色素膜"，具有丰富的色素和血管，包括虹膜、睫状体和脉络膜三部分。虹膜在葡萄膜的最前部分，位于晶状体前，有辐射状皱褶，这些褶皱称为"纹理"，表面含不平的隐窝。不同种族的虹膜颜色不同。褐色是最常见的人类虹膜颜色，褐色虹膜含有大量黑色素，深褐色虹膜看起来像黑色，淡褐色虹膜是由瑞利散射和中等程度的黑色素在虹膜前方膜层组合造成的。淡褐色很难界定，它们常被描述成浅褐色或黄褐色。琥珀色虹膜在欧洲比较常见，多见于混血儿。绿色虹膜是最罕见的颜色，在欧洲的凯尔特人、日耳曼人和斯拉夫人中出现的比例较高。灰色虹膜被认为是蓝色虹膜的变种，是第二少见的虹膜颜色，仅次于绿色虹膜。蓝色虹膜在欧洲比较常见，全世界约8%的人有蓝色虹膜。虹膜中央有一个直径为2.5～4毫米的圆孔，称为"瞳孔"，睫状体前接虹膜根部，后接脉络膜，外侧为巩膜，内侧则通过悬韧带与晶体赤道部相连。脉络膜位于巩膜和视网膜之间，含有的丰富色素，具有遮光暗房作用。

眼球壁内层为视网膜，是一层透明的膜，也是视觉形成的神经信息传递的第一站，具有很精细的网络结构，以及丰富的代谢和生理功能。视网膜的视轴正对终点为黄斑中心凹。黄斑区是视网膜上视觉最敏锐的特殊区域，直径为1～3毫米，其中央为一个小凹，即中心凹。黄斑鼻侧约3毫米处有一个直径为1.5毫米的淡红色区，称为"视盘"，又称为"视神经乳头"，是视网膜上视觉纤维汇集向视觉中枢传递的出眼球部位，无感光细胞，因此在视野上呈现为固有的暗区，称为"生理盲点"。

2.眼内腔

眼内腔包括前房、后房和玻璃体腔。眼内容物包括房水、晶状体和玻璃体，三者均透明，与角膜一起共称为"屈光介质"。房水由睫状突产生，包括营养角膜、晶体和玻璃体，具有维持眼压的作用。晶状体是富有弹性的透明体，形如双凸透镜，位于虹膜和瞳孔之后、玻璃体之前。玻璃体为透明的胶质体，充满眼球后4/5的空腔内，主要成分是水，具有屈光作用，也有支撑视网膜的作用。

3.视神经

视神经是中枢神经系统的一部分。视网膜所得到的视觉信息，经视神经传送到大脑。视路是指从视网膜接受视信息到大脑视皮层形成视觉的整个神经冲动传递的径路。

4.眼副器

眼副器包括睫毛、眼睑、结膜、泪器、眼球外肌、眶脂体和眶筋膜等。眼睑分上睑和下睑，位于眼眶前口，覆盖眼球前面。上睑以眉为界，下睑与颜面皮肤相连。上、下睑间的裂隙称为"睑裂"，两睑连接处，分别称为"内眦"和"外眦"。内眦处有肉状隆起称为"泪阜"。上、下睑缘的内侧各有一个有孔的乳头状突起，称为"泪点"，是泪小管的开口。泪器的主要生理功能是保护眼球，经常瞬目，可使泪液润湿眼球表面，角膜保持光泽，并可清洁结膜囊，包括分泌泪液的泪腺和排泄泪液的泪道。泪道包括泪点、泪小管、泪囊和鼻泪管。眼外肌共有6条，使眼球运动，其中4条直肌为上直肌、下直肌、内直肌和外直肌，2条斜肌为上斜肌和下斜肌。眼眶由额骨、蝶骨、筛骨、腭骨、泪骨、上颌骨和颧骨7块颅骨构成，稍向内，向上倾斜，四边锥形的骨窝口向前、尖朝后，有上下内外四壁。

真近视和假近视

　　终于放寒假了，假期又长，外面又冷，哪都不想去。杨林林就待在家里，写完作业就上网或看电视，一假期就这样过去了。到开学时杨林林坐在教室最后一排看黑板。咦？怎么有点看不清黑板，不会是近视了吧？她赶紧找妈妈去上医院检查一下。检查了所有项目之后，杨林林听到医生跟妈妈说自己是"假"近视。杨林林急了，跟妈妈说："我是真的看不清黑板了，怎么说我是假的呢？"医生和妈妈听到她的话，都笑了。

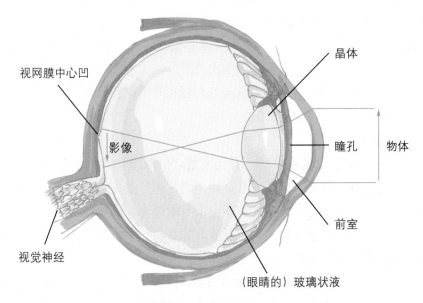

人类视觉成像的原理

什么是近视

　　近视是指在调节放松的条件下，平行于视轴的平行光线通过眼球屈光系统的折射，汇聚在视网膜前，属于一种屈光不正。近视的人在看远处的物体时，物体不能在视网膜上清晰的成像，而在看近处的物体时，则可以看清。近视的人通过眯起眼睛可以限制光线的入射，从而减小像差，使自己可以看得更清楚一些。近视的原因还在研究中，普遍认为一部分是因为眼球变长，视网膜后移，平行光聚焦在视网膜前，另一部分是因为长期处于看近的状态，调节痉挛，使晶状体长期处于高屈光度的状态，还有一部分是因为一些先天或是外伤的原因，造成角膜或晶状体的异常。

1.高度近视

超过600度的近视属于高度近视，高度近视会对眼睛的健康造成很大的威胁。高度近视有先天及后天两种可能，先天近视一般属病理性，难以制止加深的程度；而后天近视则和用眼的方法有关，度数通常很少超过1000度，增加休息可减慢加深的速度。近视度数每增加100度，眼轴长度就会增加0.37毫米，眼轴越长，眼球后极部视网膜所受的牵拉就越大，令视网膜出现退化现象，视网膜更有可能会出现脱落、黄斑出血、飞蚊症或玻璃体混浊等毛病，患者可能会见到闪光或很多浮动的点状或丝状物，这都是视网膜受到刺激的征状。视网膜出现退化，也会令视觉影像质素变差，甚至视觉缺损，即在某个位置出现黑影。由于高度近视的眼镜片比较厚，除了影响外观以外，镜片本身也有较高的折射率，人看到的影像会缩小，双眼的视差问题会更严重。

2.假性近视

假性近视也是看远模糊，看近清楚，但散瞳验光检查时又没有相应的屈光度改变。那么，为什么看远处不清楚呢？这是由于经常不正确的用眼，睫状肌持续收缩、痉挛，得不到应有的休息，晶状体也随之处于变厚的状态。平行光线进入眼内，经过变厚的晶状体屈折后，焦点落到了视网膜前面，看远处的东西自然就不清楚了。

假性近视是功能性近视，利用药物、针灸、埋耳针和理疗仪器，或通过患者自身强化眼肌锻炼都可放松肌肉，缓解疲劳，使视力恢复到正常状态。假性近视不及时缓解，眼球长期受到紧张的眼外肌的压迫，终究会导致眼轴变大而成为真性近视。

近视的预防

近视是可以预防的，青少年要保持正确的写字和读书姿势，不要趴在桌子上或扭着身体，书本和眼睛应保持一定的距离，看书时间不宜过长，保证课间10分钟休息，多眨眼，以减轻干眼症状，写字时间不要过长，认真做好眼保健操，写字和读书时要有适当的光线，光线最好从左边照射过来，不要在光线太暗的地方看书和写字。

远视

在医院，杨林林还看到有的家长领小朋友来看眼睛，听到他们说什么远视眼，除了近视还有远视呀？这可真有意思。

远视是指平行光线进入眼内后在视网膜之后形成焦点，外界物体在视网膜不能形成清晰的影像，可用凸透镜矫正。婴儿出生后，眼球小，眼轴短，所以几乎都是远视，或兼有远视散光，随着年龄增大，眼发育长大，眼轴增长，才能发育成为正视眼（无远视、近视或散光）。近年来，青少年近视患病率节节攀升，使许多年轻的父母也担心自己的孩子会得近视，其实不然，婴幼儿的近视眼很少，仅有1%～1.5%，而90%以上的学龄前儿童是远视。每个人天生都是远视眼，但是远视的程度会随着眼睛的发育而逐渐减弱，一般到18岁左右时视力就会达到标准值。当眼轴继续延长，就成为近视眼。孩子在13岁以前是远视眼属于正常现象，家长对此不用太着急。眼科专家表示，如果哪个孩子的视力很标准的话，那反倒说明他眼睛发育可能不太好，长大后更易近视。

散光是怎么回事

　　鹏鹏平时不注意保护眼睛，总是长时间坐在电脑前玩游戏，眼睛近视了，要配戴眼镜，到眼镜店一验光发现鹏鹏还有散光。那么，散光是怎么回事呢？

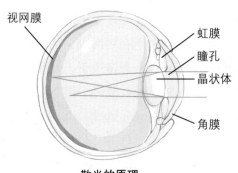

散光的原理

什么是散光

　　散光是眼睛的一种屈光不正常状况，与角膜的弧度有关。如果角膜在某一角度的弧度较弯，而在另一些角度的弧度较扁平，光线就不能准确地聚焦在视网膜上，这种情况称为"散光"。散光患者看东西时会较难细微地看清。一般情况下，散光并不会独自出现，患者的眼睛通常都会伴有近视或远视。散光的矫正方法主要是配戴眼镜，散光眼镜在某一角度会有特别的弧度，以矫正患者眼睛在该角度的散光，隐形眼镜或激光矫视手术也可矫正散光。

散光的原因

　　散光的原因很多，最主要是由眼睛的角膜弯曲度发生变化而造成的。角膜不仅光滑透明，而且呈完整的半球形，主要功能是通过光线，把光线集中起来，使光线进入瞳孔达到眼底的视网膜，形成焦点，然后再反映到大脑，使人们能清楚地看到外界景象。

破解人体的密码··· 人体构造

1.不规则散光

半球形的角膜曲度发生变化时，就像一块磨得不平的镜片，表面呈现凹凸不平、不规则态，此时外来的光线就不能在视网膜上结成焦点，而是弥散四方，使大脑对外界物体的认识出现一片模糊，这样就产生了散光，医学上称为"不规则散光"。这种散光角膜弯曲度改变太多，很难用眼镜矫正。

引起不规则散光的原因有两种：一种是先天遗传；另一种是由后天角膜发生疾病而引起的。角膜发生溃疡或外伤等，痊愈后产生了瘢痕，就会造成角膜不平，弯曲度不正。除了角膜外，晶状体的弧度不一致，也是造成散光的一个原因。

2.有规则散光

有规则的散光是由于角膜弯曲度在某一方向与垂直方向不一致而引起的，有单纯远视散光、单纯近视散光、复性远视散光和复性近视散光、混合散光等类型，多数是由角膜的屈光能力不同而造成的，并与近视或者远视同时存在，可以用眼镜矫正。

有规则的轻度散光一般不会影响视力，但可能出现眼睛疲劳等不舒服的现象，很多人用眼时间稍久就会引起头痛，以及眼睛和眼眶周围酸痛等不舒服的感觉，少数人还有恶心和呕吐的症状，对健康和工作有一定影响。散光比较严重时，患者看到物体会一片模糊，对生活有影响。

散光的预防

预防散光，要从小做起。我们从童年起就要认识到哪些是危险的游戏和玩具，以减少眼外伤；养成良好的卫生习惯，不随便用手或其他物品接触眼睛，以避免传染眼疾，感染眼疾时尽量减少外出；看书时光线要充足，光线最好来自左后方；看书姿势要正确，眼睛与书保持30～40厘米的距离；不要在摇晃的车上看书，也不要躺着看书；选择读的书字体要清晰，不可太小；电视放置高度在眼睛平行线下方一点点，看电视的距离为电视画面对角线的5～7倍；连续看书不超过1小时，30分钟休息5分钟；营养要均衡。

我的眼镜和奶奶的眼镜

鹏鹏眼睛近视了，戴上了近视镜。有一次他在沙发上睡着了，过一会儿迷迷糊糊地起来，看到茶几上的眼镜就戴上了。天哪，一片模糊，头好晕，这是怎么回事，赶快摘下眼镜一看，原来是奶奶的老花镜？为什么我的眼镜和奶奶的眼镜不一样？

什么是老花眼

老花眼是人体机能老化的一种现象，得了老花眼的人需佩戴老花镜。老花眼在医学上称为"老视"，多见于40岁以上的人群。这些人的晶状体硬化，弹性减弱，睫状肌收缩能力降低而致调节减退，近点远移，发生近距离视物困难。老花眼是人体生理上的一种正常现象，是身体开始衰老的信号。随着人的年龄增长，眼球晶状体逐渐硬化、增厚，眼部肌肉的调节能力随之减退，导致变焦能力降低，当看近物时，由于影像投射在视网膜时无法完全聚焦，看近距离的物件就会变得模糊不清。即使注意保护眼睛，眼睛老花的度数也会随着年龄增长而增加，一般是按照每5年加深50度的速度递增。但远视眼患者，老花眼出现要比正常眼早，而近视眼患者出现老花眼要比正常眼晚些，或终身不用老花镜。

花镜的验配

花镜的验配需要严格遵守眼睛的屈光度原则。花镜分为单光镜、双光镜和三光镜三类。单光镜是具有光焦点的透镜，单光阅读用镜是以33厘米处近用距离为基准进行设计的。双光镜，又称为"双焦点眼镜"或"双光眼镜"，镜度由视远和视近两个不同的屈光度构成。三光镜，又称为"三焦点镜"或"三焦距镜"，镜度由远、中、近用三个镜度构成。验光配镜是可靠、有效的方法，应在排除近视和远视的因素后，以既能看清近物，又无不适为原则，配用适合眼镜。所以，爷爷、奶奶的老花镜应该到正规的医院去配制，而不是在地摊上买一个就对付用了，这样只能越用越"花"。

声音如何被听到

农历除夕的晚上，吃完年夜饺子，小刚困了，也累了，躺到床上想美美地睡一觉，养足精神第二天好出去拜年，顺便收一收压岁钱。可是外面的烟花鞭炮声此起彼伏，小刚捂住了耳朵还是能听到。他想，声音到底是怎么被听到的呢？

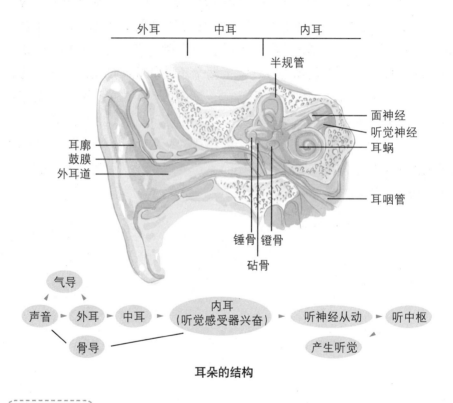

耳朵的结构

耳的组成

耳位于眼睛后面，具有辨别振动的功能，能将振动发出的声音转换成神经信号，然后传给大脑。在脑中，这些信号又被翻译成我们可以理解的词语、音乐和其他声音。

耳包括外耳、中耳和内耳三部分。

1.外耳

外耳包括耳郭和外耳道两部分。

耳郭呈漏斗状，有收集外来声波的作用，大部分由位于皮下的弹性软骨作支架，下方的小部分在皮下只含有结缔组织和脂肪，称为"耳垂"。耳郭在临床应用上是耳穴治疗和耳针麻醉的部位，而耳垂还常作为临床采血的部位。耳郭的前外面上有一个大孔，称为"外耳门"，与外耳道相接。

外耳道是一条自外耳门至鼓膜的弯曲管道，长2.5～3.5厘米，皮肤由耳郭延续而来。靠外的三分之一外耳道壁由软骨组成，靠内的三分之二外耳道壁由骨质构成，软骨部分的皮肤上有耳毛、皮脂腺和耵聍腺。

2.中耳

中耳包括鼓膜、鼓室和听小骨三部分。

鼓膜为半透明的薄膜，呈浅漏斗状，凹面向外，边缘固定在骨上，外耳道与中耳以它为界。经过外耳道传来的声波，能引起鼓膜的振动。

鼓室是中耳的主要组成部分，位于鼓膜和内耳之间，是一个含有气体的小腔，容积约为1立方厘米，里面有三块听小骨，分别为锤骨、砧骨和镫骨。三块听小骨之间由韧带和关节衔接，组成听骨链。镫骨的底板附着在内耳的前庭窗上。鼓膜的振动通过听骨链传到前庭窗，引起内耳里淋巴的振动。

鼓室的顶部有一层薄的骨板把鼓室和颅腔隔开。某些类型的中耳炎能腐蚀、破坏这层薄骨板，侵入脑内，引起脑脓肿和脑膜炎，所以患了中耳炎要及时治疗，不能大意。咽鼓管位于鼓室中，是一条细长、扁平的管道，全长3.5～4厘米，从鼓室前下方通到鼻咽部，靠近鼻咽部的开口平时闭合，只有在吞咽或打呵欠时才开放。咽鼓管的主要作用是使鼓室内的空气与外界空气相通，使鼓膜内、外的气压维持平衡，这样，鼓膜才能很好地振动。鼓室内气压高，鼓膜将向外凸；鼓室内气压低，鼓膜将向内凹陷，这两种情况都会影响鼓膜的正常振动，影响声波的传导。当飞机上升或下降时，气压急剧降低或升高，乘客的咽鼓管口未开，鼓室内气压相对增高或降低，就会使鼓膜外凸或内陷，因而使人感到耳痛或耳闷。此时，如果主动做吞咽动作，咽鼓管口开放，就可以平衡鼓膜内外的气压，使上述症状得到缓解。

3.内耳

内耳包括前庭、半规管和耳蜗三部分，由结构复杂的弯曲管道组成，又称为"迷路"。迷路里充满了淋巴。半规管和前庭是分别维持人体动、静平衡的器官。前庭可以感受头部位置的变化和直线运动时速度的变化，半规管可以感受头部的旋转变速运动，这些感受到的刺激反映到中枢以后，引起一系列反射来维持身体的平衡。耳蜗是听觉感受器的所在，与听觉有关。

听觉的形成

人类的听觉很灵敏，从每秒振动16次到20 000次的声波都能听到。那么听觉是怎样形成的呢？

当外界声音由耳郭收集以后，从外耳道传到鼓膜，引起鼓膜的振动。鼓膜振动的频率和声波的振动频率完全一致，声音越响，鼓膜的振动幅度也越大。鼓膜的振动再引起3块听小骨的同样频率的振动。振动传导到听小骨以后，由于听骨链的作用，大大加强了振动力量，起到了扩音的作用。听骨链的振动引起耳蜗内淋巴的振动，刺激内耳的听觉感受器，听觉感受器兴奋后所产生的神经冲动沿位听神经中的耳蜗神经传到大脑皮层的听觉中枢，产生听觉。其中，位听神经由内耳中的前庭神经和耳蜗神经组成。

总抠耳朵会不会耳聋

小刚对于抠耳朵这件事总是不太注意，耳朵里痒了就随便找个东西抠一抠，手指、火柴棍、妈妈的发卡，还有挖耳勺，找到什么就用什么，而且抠的次数越来越频繁。妈妈发现后对他说，总挖耳朵会耳聋的。这是真的吗？

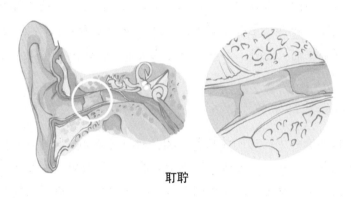

耵聍

人为什么要抠耳朵

为什么人们会习惯性地抠耳朵呢？这是因为在人的外耳道外侧软骨表面的皮肤中分布有耵聍腺，这种腺体能分泌一种淡黄色黏稠的物质，称为"耵聍"，俗称"耳屎"或"耳蝉"，就像"哨兵"一样守卫着外耳道的大门。这种物质遇空气干燥后呈薄片状，或变成黏稠的油脂，平时"藏"在外耳道内，具有保护外耳道皮肤和黏附外来物质（如灰尘或小飞虫等）的作用。耵聍可以使外耳道保持弱酸性，防止炎症的发生。耵聍暴露在空气中易干燥，形成小片物，吃东西咀嚼张口时，随着下颌关节运动多数掉出耳外。

有一些人由于习惯或者觉得有耳屎不美观，就经常抠耳朵，其实这样有可能破坏外耳道正常的状态。如果抠耳朵所用的工具不清洁，还会加重感染的机会，造成耳朵痒或疼等症状。如果耳朵痒就抠，那么越抠就越痒，如此反复，就将没有终结。

抠耳朵的危害

俗话说"耳不挖不聋",确实有一定的道理。抠耳朵可能造成耳道壁的损伤,严重的会伤及中耳和内耳,导致耳聋。外耳道皮肤比较娇嫩,与软骨膜连接比较紧密,皮下组织少,血液循环差,抠耳朵时用力不当容易引起外耳道损伤或感染,导致外耳道疖肿、发炎或溃烂,甚至造成耳朵疼痛难忍,影响张口和咀嚼。

有些人可能比较爱卫生,觉得抠耳朵舒服,建议不要经常抠耳朵,一般半个月左右抠一次就可以。有的人抠耳朵抠出了血,感到非常害怕,其实这种出血一般都是毛细血管出血。如果抠到鼓膜造成鼓膜穿孔而出血,会感到非常疼痛,这时一定要避免耳朵进水以防感染,并到医院就医。

正确清理耳朵的方法

必要的清理工作我们还是要做的,有时过多的耵聍和外耳道脱落的上皮或灰尘混在一起,会形成大的硬块,阻塞了外耳道,医学上称为"耵聍栓塞"。如果外耳道失去了排出耵聍的功能,那么耵聍呈团块状积聚在外耳道会引起听力下降、耳鸣或疼痛。外耳道瘢痕狭窄,耳毛过多或有慢性炎症等原因都会影响耵聍的排出,这时发生耵聍栓塞的机会就多些。耳屎内有丰富的营养物质,在潮湿和温度合适的条件下,细菌易生长繁殖,刺激外耳道皮肤导致发炎,此时应及时请医生帮助清理。

在日常的生活中,有时耳朵中还会进入异物。如果有小虫钻入我们的耳朵,我们应该怎样做呢?虫子钻入耳朵后,应想办法把虫子弄出来,以免耳膜受伤或引起发炎。但是,这时不能用挖耳勺或棉棒去挖耳朵,那样会使虫子在耳内乱爬,损伤耳膜。把虫子从耳朵内弄出来的较为妥当的方法是,将耳朵朝向有亮光的地方,或者用手电筒往耳朵里照,小虫就有可能朝着亮光飞出来。也可以让爬进虫子的那只耳朵朝上,向耳道内滴入干净的食用油或甘油,接着头偏向下侧成90度,使外耳道竖直向下,等小虫随着油一起流出耳道后,再用棉签轻轻擦去耳内残留的油。专家提醒,如果用这些方法都未能将耳中的虫子弄出来,应立即去医院诊治。

破解人体的密码：人体构造

为什么只有我晕车

爸爸、妈妈计划周末带着小强坐大巴车回老家去看望爷爷奶奶，很长时间没见到他们了，小强也很想他们。但是，让小强最头疼的一件事就是晕车，恶心迷糊还是好的，严重时还会吐，丢死人了。小强想"哎！为什么我会晕车呢？"

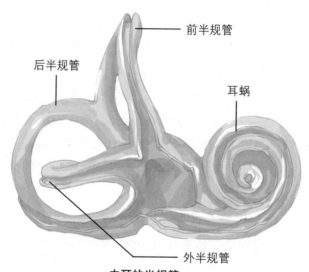

前半规管

后半规管

耳蜗

外半规管

内耳的半规管

什么是晕车

晕车在医学上称为"晕动病"或"运动病"，生活中常有些人坐上汽车后没多久就觉得头晕，上腹部不舒服、恶心、出冷汗，甚至呕吐；尤其当汽车急刹车、急转弯或突然启动时更厉害，下车休息片刻即可逐渐减轻或恢复。

出现晕车的原因

晕动病是晕车、晕船和晕机等的总称，它与我们内耳前庭平衡感受器官有直接关系。确切地讲晕动病不是真正的疾病，与通常意义上的疾病不同，它仅仅是敏感机体对超限刺激的应急反应。有些人的内耳前庭和半规管过度敏感，当乘坐车船时，由于直线变速运动、颠簸、摆动或旋转时，内耳迷路受到机械性刺激，出现前庭功能紊乱，从而导致晕车和晕船等。

人体是如何判断方向和维持自身平衡的

人体能判断方向和维持自身平衡，主要由皮肤浅感受器、眼睛、颈和躯体的深部感受器以及内耳等共同负责，其中以内耳最为重要。内耳的半规管、椭圆囊和球囊有平衡功能。三个半规管互相垂直，构成空间的三个面，它们接受外界的平衡刺激，通过前庭神经，传到大脑皮层的平衡中枢，来调节和管理平衡反应。在半规管里有内淋巴，半规管的两个脚里边有毛细胞，内淋巴流动的时候会带动毛细胞弯曲倾倒，产生一种运动的感觉。半规管主要感受正负脚加速度的刺激，也就是受旋转运动的变化。三个半规管所在平面互相垂直，可以感受四面八方旋转运动的刺激。

那么，人做前后左右直来直去的运动是靠什么感觉到的呢？这主要是靠内耳的前庭部里的球囊和椭圆囊。球囊和椭圆囊里也有内淋巴和毛细胞，另外还有耳石膜。当人做直线加速运动时，耳石膜里的位觉砂会向相反的方向运动，从而刺激毛细胞产生平衡感觉。位觉砂的运动方式和装在瓶子里的石子一样，当向右晃动瓶子时，石子会滚动到瓶子左边；当向左晃动瓶子时，石子会滚动到瓶子右边。

耳朵的平衡感觉是范围广泛的反射运动，需要眼球、颈肌和四肢的肌肉反射共同完成。而人体维持平衡主要依靠内耳的前庭部、视觉、肌肉和关节等系统的相互协调来完成。

小强的晕车现象实际上是青少年内耳发育不完全造成的，等内耳的前庭和半规管都发育完全了，晕车现象就会改观。为了适应外部环境，达到某种特殊的要求，人们可以采用前庭锻炼的方法，如同飞行员训练一样，在相当一段时间内反复刺激前庭，如旋转椅、秋千和荡船等，使前庭产生适应习惯，可以达到减轻运动病症状的目的。

头颅里都有什么

　　最近初一（六）班非常不平静，因为班上的袁征同学得了很严重的病，已经好几周没来上学了。据说，袁征同学脑里长了一个东西，要做手术才能取出来，要做开颅手术，每个听到这个消息的同学都很害怕，"开颅"好似代表着"非常严重"。我们的头颅里都有什么呢？

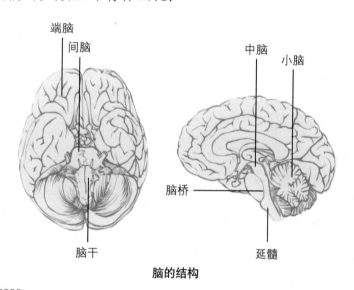

脑的结构

脑的作用

　　头颅内有非常重要的结构——脑，脑由颅骨保护。脑是感情、思考和生命得以维持的中枢。脑和脊髓构成中枢神经系统，中枢神经系统的细胞依靠复杂的联系来处理传递信息。

　　从解剖学的角度来看，脑占头盖内腔的大部分，约占成年人体重的2%，即1.2~1.6千克，平均体积为1600立方厘米，含有约140亿个神经细胞，约占脑细胞的1/10，剩余的90%为胶质细胞。胶质细胞有为神经细胞提供营养，形成髓鞘，增进传导速度等多种功能。男性脑重量比女性稍大，与体重无关。

脑的组成

人脑可分为大脑、小脑和脑干三部分。大脑又分为端脑和间脑，脑干又分为中脑、脑桥和延髓。脑有三层结缔组织膜，即软膜、蛛网膜和硬膜。软膜和脑实体表面紧密附着，并与蛛网膜隔开较大的腔隙，称为"蛛网膜下隙"，被脑脊液填充。硬膜和蛛网膜之间存在少许间隙，称为"硬膜下隙"，内含少量液体。

1.大脑

严格意义上，大脑是指端脑和间脑，但在神经解剖学以外的领域，通常多用大脑一词指代端脑。端脑有左、右两个大脑半球（端脑半球），将两个半球隔开的沟壑，称为"大脑纵隔"，两个半球除了脑梁与透明中隔相连以外，左右完全分开。大脑半球表面布满脑沟，沟与沟之间所夹细长部分称为"脑回"。脑沟并非是在脑的成长过程中随意形成的，以什么形态出现、在何处出现，都有规律，其深度和弯曲度因人稍有差异。每一条脑沟在解剖学上都有专有名称。脑沟与脑回的形态基本左右半球对称，是对脑进行分叶和定位的重要标志。外侧沟起于半球下面，行向后上方，至上外侧面；中央沟起于半球上稍后方，斜向前下方，下端与外侧沟隔一脑回，上端延伸至半球内侧面；顶枕沟位于半球内侧面后部，自下向上。在外侧沟上方和中央沟以前的部分为额叶；外侧沟以下的部分为颞叶；枕叶位于半球后部，其前界在内侧面为顶枕沟，上部外侧面的界限是自顶枕沟至枕前切迹（在枕叶后端前方约4厘米处）的连线；顶叶为外侧沟上方、中央沟后方、枕叶以前的部分；岛叶呈三角形岛状，位于外侧沟深面，被额叶、顶叶和颞叶所掩盖，与其他部分不同，布满细小的浅沟（非脑沟）。

左、右大脑半球有各自的腔隙，称为"侧脑室"。侧脑室与间脑的第三脑室、小脑和延脑，以及脑桥之间的第四脑室之间有孔道连通。脑室中的脉络丛产生的脑液体称为"脑脊液"。脑脊液在各脑室和蛛网膜下腔之间循环，如果脑室的通道阻塞，脑室中的脑脊液积多，就将形成脑积水。

广义的大脑的脑神经包括端脑出发的嗅神经和间脑出发的视神经。

大脑的断面分为白质和灰白质。端脑的灰白质是指表层数厘米厚的一层，称为"大脑皮质"。大脑皮质是指神经细胞聚集的部分，具有六层的构造，含有复杂的回路，是思考等活动的中枢。大脑皮质白质又称为"大脑髓质"。

间脑由丘脑和下丘脑构成。丘脑与大脑皮质、脑干、小脑和脊髓等联络，负责感觉的中继，以及控制运动等。下丘脑与保持身体恒常性、控制自律神经系统、感情等有关。

在大脑半球的底面中脑两侧，可见海马回。海马回的内侧为海马沟，沟的上方即为锯齿状的齿状回。海马和齿状回构成人脑的海马结构。从中脑往颞外侧看，可见侧脑室下角底壁有一个弓形结构，称为"海马"。海马被认为是学习记忆和遗忘的重要结构。

2.小脑

小脑位于脑干的背侧，通过上小脑脚、中小脑脚、下小脑脚等粗纤维束与脑干相连。这三个部位紧密结合，要将其各自的纤维完全分开十分困难。小脑可分为正中的小脑虫部、左右的小脑半球和尾侧的小脑扁桃。小脑半球的表面具有小脑沟和小脑回，比大脑的脑沟和脑回纤细，变异也很多。小脑半球的截面和大脑半球一样，皮质是灰白质，髓质是白质。

3.脑干

脑干上接大脑，背靠小脑，尾侧与脊髓相连，前侧依次分为中脑、脑桥和延髓。小脑和脑干所夹空间称为"第四脑室"。中脑分布着上丘（参与时视觉处理）、下丘（参与听觉处理）、血清胺、多巴胺和正肾上腺素等神经核。中脑存在着参与眼球运动以及与视觉相关的各种神经核、发出视神经、动眼神经和滑车神经等脑神经。另外，中脑背侧有贯通第三脑室和第四脑室的中脑水道。脑桥呈鼓起的带状，与小脑连接，发出三叉神经、外转神经、颜面神经和听神经等脑神经。延髓在脑桥和脊髓之间，是控制呼吸和生命维持相关的植物机能的中枢，传出舌咽神经、迷走神经、副神经和舌下神经，与呼吸和心脏的运动相关。

脑质量仅占体重的2%左右，但血液循环量占心排出量的20%，氧气消费量占全身的20%，葡萄糖的消耗量占全身的25%。这是由脑中发生的复杂且活跃的电信号往来引起的，这些需求由内颈动脉和椎骨动脉的血流提供。

小脑有什么作用

春节期间，小明看了一本书——《神秘的大脑》，他被书中的内容深深地吸引了，惊讶于人类大脑结构的复杂，可真是连大型计算机都比不上。慨叹之余，小明合上书坐在那里开始思考，除了大脑，其他的脑都有什么作用呢？

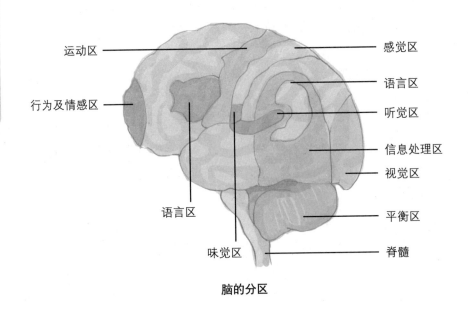

运动区 —— 感觉区
行为及情感区 —— 语言区
—— 听觉区
—— 信息处理区
—— 视觉区
语言区 —— 平衡区
味觉区 —— 脊髓

脑的分区

小·脑的结构

从外观上看，小脑中间有一条纵贯上下的狭窄部分，卷曲如虫，称为"蚓部"。蚓部两侧有两个膨隆团块称为"小脑半球"。在小脑蚓部和半球表面有一些横行的沟和裂，将小脑分成许多回、叶和小叶。在这些横贯小脑表面的沟和裂中，后外侧裂和原裂是小脑分叶的依据。后外侧裂将小脑分成绒球小结叶和小脑体两大部分，而原裂又将小脑体分成前叶和后叶。前叶、后叶和绒球小结叶构成了小脑三个横向组成的分部。

破解人体的密码：人体构造

小·脑的作用

　　小脑通过与大脑、脑干和脊髓之间丰富的传入和传出联系，参与躯体平衡和肌肉张力（肌紧张）的调节，以及参与随意运动的协调。小脑就像一个大的调节器，人喝醉酒时走路会晃晃悠悠，就是因为酒精麻痹了小脑。小脑对于躯体平衡的调节，是由绒球小结叶，即古小脑进行的。例如，当人站立而头向后部仰时，膝和踝关节将自动地做屈曲运动，以对抗由于头后仰所造成的身体重心的转移，使身体保持平衡而不跌倒。在这一过程中，膝与踝关节为配合头向后仰而作的辅助性屈曲运动，就是由于小脑发出的调节性冲动，协调了有关肌肉的运动和张力的结果。小脑可以调节肌紧张活动，肌紧张是肌肉中不同肌纤维群轮换地收缩，使整个肌肉处于经常的轻度收缩状态，从而维持了躯体站立姿势的一种基本的反射活动。小脑还可以协调随意运动，随意运动是大脑皮层发动的意向性运动，而对随意运动的协调则是由小脑的半球部分完成的。

侏儒症和巨人症

　　小刚喜欢篮球这项运动。有一天在家看专题报道，采访篮球明星姚明。奶奶看见姚明比记者高那么多就随嘴说了一句："这人咋这么高，不是得巨人症了吧？"小刚赶紧跟奶奶解释："不是巨人症，那是打篮球的运动员。"可是，巨人症是一种病，怎么跟奶奶解释呢？

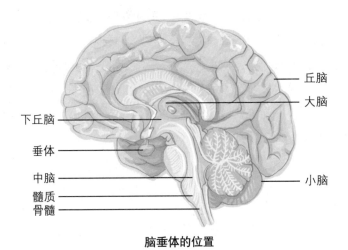

丘脑

大脑

下丘脑

垂体

中脑

髓质

骨髓

小脑

脑垂体的位置

脑垂体

　　脑垂体位于人眼睛后方、鼻腔上端，是人体最重要的内分泌腺，分为前叶和后叶两部分，能分泌多种激素，如生长激素、促甲状腺激素、促肾上腺皮质激素、促性腺素、催产素、催乳素和黑色细胞刺激素等，还能够贮藏下丘脑分泌的抗利尿激素。这些激素对代谢、生长、发育和生殖等有重要作用。其中，生长激素能促进身体组织的发育与成长，可促进体内细胞的数目增加及变大，使身体各部分组织器官变大是每一个人成长的重要因素。

　　脑垂体是利用激素调节身体健康平衡的总开关。人在40岁后，脑垂体萎缩，人体迅速衰老。

垂体与激素

　　垂体各部分都有独自的任务。腺垂体细胞分泌的激素主要有7种，分别为生长激素、催乳素、促甲状腺激素、促性腺激素（促黄体生成素和促卵泡成熟激素）、促肾上腺皮质激素和黑色细胞刺激素。神经垂体本身不会制造激素，而是起到一个仓库的作用。下丘脑的视上核和室旁核制造的抗利尿激素和催产素，通过下丘脑与垂体之间的神经纤维被送到神经垂体贮存起来，当身体需要时就释放到血液中。

垂体激素的功能

1.生长激素

促进生长发育、蛋白质合成和骨骼生长。

2.催乳素

促进乳房发育成熟和乳汁分泌。

3.促甲状腺激素

控制甲状腺，促进甲状腺激素合成和释放，刺激甲状腺增生、细胞增大、数量增多。

4.促性腺激素

控制性腺，促进性腺的生长发育，调节性激素的合成和分泌等。

5.促肾上腺皮质激素

控制肾上腺皮质，促进肾上腺皮质激素合成和释放，以及肾上腺皮质细胞增生。

6.促卵泡成熟激素

促进男子睾丸产生精子，以及女子卵巢生产卵子。

7.促黄体生成素

促进男子睾丸制造睾丸素，以及女子卵巢制造雌激素和孕激素，帮助排卵。

8.黑色素细胞刺激素

控制黑色素细胞，促进黑色素合成。

9.抗利尿激素

管理肾脏排尿量，升高血压，由下丘脑产生，储存于垂体中。

10.催产素

促进子宫收缩，有助于分娩。

巨人症

我们常说的巨人症是一种下丘脑——脑垂体疾病，幼年患者分泌生长激素过多，生长发育过度，身高多在2米左右，生长过速可持续到20岁以上。巨人症初步诊断依据为：个子高，四肢长度失衡，臂展远远超过身高；移动速度缓慢；父母较矮，子女却高大；体内生长激素高，代谢和血糖异常；脑内长有垂体腺瘤，血液内生长激素高；不做手术，很快会早衰，身高也将回缩。成年患者分泌生长激素过多，会得肢端肥大症。

侏儒症

幼年患者分泌生长激素过少，就会得侏儒症。垂体侏儒多见于男孩，患者出生时正常，在1~2岁发育也正常，一般在3~4岁开始生长发育落后，随着年龄的增长，孩子越大智力越落后。垂体侏儒患儿从外观上看，比实际年龄要小，但四肢、躯干和头面部的比例都很匀称，只是个矮，身材成比例缩小，出牙晚，多数性腺发育不全，第二性征发育不全或缺乏，往往在青春发育期后仍保持儿童面容，嗓音不变粗，仍保持音调较高的童音。真正的垂体侏儒比较少见。

胰岛素和血糖

　　小刚和爸爸上饭店吃饭，在厕所洗手时进来个胖叔叔。胖叔叔从兜里拿出个小盒，打开后取出个注射器，先用棉球擦了下肚皮，然后一针就扎了下去。看到这儿，小刚问爸爸："叔叔在做什么？"爸爸乐了，告诉小刚："那位叔叔应该是有糖尿病，在饭前注射胰岛素呢。"糖尿病是什么病？为什么要打胰岛素？

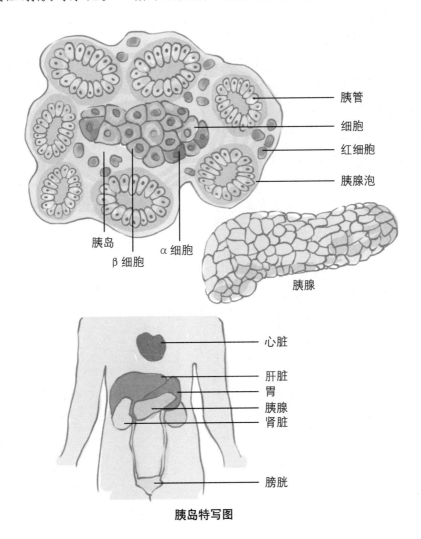

胰管
细胞
红细胞
胰腺泡

胰岛
β细胞
α细胞

胰腺

心脏
肝脏
胃
胰腺
肾脏
膀胱

胰岛特写图

胰岛素

胰岛是胰的内分泌部分，是许多大小不等和形状不定的细胞团，散布在胰的各处。胰岛能分泌胰岛素和胰高血糖素等激素，可控制碳水化合物的代谢，胰岛素分泌不足会患糖尿病。

人类的胰岛细胞分为A细胞、B细胞、D细胞和PP细胞。A细胞约占胰岛细胞的20%，分泌胰高血糖素；B细胞占胰岛细胞的60%～70%，分泌胰岛素；D细胞占胰岛细胞的10%，分泌生长抑制素；PP细胞数量很少，分泌胰多肽。

胰岛素的作用如下：

1.调节血糖

胰岛素是促进合成代谢和调节血糖稳定的主要激素，对糖代谢具有调节作用，促进组织、细胞对葡萄糖的摄取和利用，促使葡萄糖合成为糖原，贮存于肝和肌肉中，并抑制糖异生，促进葡萄糖转变为脂肪酸，贮存于脂肪组织，导致血糖水平下降。当胰岛素缺乏时，患者血糖浓度升高，如超过肾糖阈，尿中将出现糖，引起糖尿病。

2.调节脂肪代谢

胰岛素对脂肪代谢具有调节作用。胰岛素促进肝合成脂肪酸，然后转运到脂肪细胞贮存。在胰岛素的作用下，脂肪细胞也能合成少量的脂肪酸。胰岛素还促进葡萄糖进入脂肪细胞，除了用于合成脂肪酸外，还可转化为α-磷酸甘油。脂肪酸与α-磷酸甘油形成甘油三酯，贮存于脂肪细胞中。同时，胰岛素还抑制脂肪酶的活性，减少脂肪的分解。当胰岛素缺乏时，患者脂肪代谢紊乱，脂肪分解增强，血脂升高，加速脂肪酸在肝内氧化，生成大量酮体，由于糖氧化过程发生障碍，不能很好地处理酮体，以致引起酮血症与酸中毒。

胰岛素能促进蛋白质合成过程，其作用可在蛋白质合成的各个环节上体现出来。由于其过程比较复杂，在这里就不过多介绍了。

糖尿病

糖尿病是由遗传因素、免疫功能紊乱、微生物感染及其毒素、自由基毒素、精神因素等各种致病因子作用于机体导致胰岛功能减退、胰岛素抵抗等而引发的糖、蛋白质、脂肪、水、电解质等一系列代谢紊乱综合征。临床上以高血糖为主要特点，一旦患上糖尿病，各种麻烦就会随之而至，例如免疫功能减弱，容易感染由感冒、肺炎、肺结核所引起的各种感染疾病，且不易治愈。并且糖尿病选择性地破坏细胞和吞噬细胞，抗癌细胞的防御机能大大减弱，至使癌细胞活跃和聚集。糖尿病分1型糖尿病、2型糖尿病、妊娠糖尿病及其他特殊类型的糖尿病。在糖尿病患者中，2型糖尿病所占的比例约为95%。

典型糖尿病患者出现多尿、多饮、多食、消瘦等，即"三多一少"症状，糖尿病（血糖）一旦控制不好会引发并发症，导致肾、眼和足等部位的衰竭病变，且无法治愈。患者由于大量尿糖丢失，例如每日失糖500克以上，机体处于半饥饿状态，能量缺乏需要补充，引起食欲亢进，食量增加。同时又因高血糖刺激胰岛素分泌，病人易产生饥饿感，食欲亢进，老有吃不饱的感觉，甚至每天吃5~6次饭，主食达1~1.5千克，副食也比正常人明显增多，还不能满足食欲。由于多尿，患者水分丢失过多，发生细胞内脱水，刺激口渴中枢，出现烦渴多饮，饮水量和饮水次数都增多，以此补充水分。患者排尿越多，饮水也越多，形成正比关系，而且患者尿量增多，每昼夜尿量达3000～5000毫升，最高可达10 000毫升以上。患者排尿次数增多，1～2个小时就可能小便1次，有的患者甚至每昼夜可排尿30余次。糖尿病人血糖浓度增高，在体内不能被充分利用，由肾小球滤出后，不能完全被肾小管重吸收，以致形成渗透性利尿，出现多尿。患者血糖越高，排出的尿糖越多，尿量也越多。由于胰岛素不足，机体不能充分利用葡萄糖，使脂肪和蛋白质分解加速来补充能量和热量，其结果是使体内碳水化合物、脂肪和蛋白质被大量消耗，再加上水分的丢失，病人体重减轻、形体消瘦，严重者体重可下降数十千克，以致疲乏无力，精神不振。同样，患者病程时间越长，血糖越高，病情越重，消瘦也就越明显。

一旦患上糖尿病，控制血糖是关键，糖尿病患者要注意饮食，要少吃多糖、多油、多淀粉的食物，有的患者还需要在医生的指导下，天天向体内注射胰岛素。随着科学的发展和进步，出现了胰岛素泵，省去了糖尿病人每天注射之苦。但我们还是要倡导健康饮食，科学健身，远离糖尿病。

很多人认为只有成人才会得糖尿病，而儿童和青少年糖尿病以1型居多，如今，他们患上2型糖尿病的可能也增加了。儿童和青少年要养成良好的生活习惯，少看电视、多参加体育运动、少吃垃圾食品等。

加碘

小刚发现妈妈从超市里买回的食盐包装袋上都写着碘盐，便问妈妈："什么是碘盐？"妈妈告诉他："食盐里面加入了适当的碘就是碘盐。"那为什么要人为地往食盐中加入碘呢？

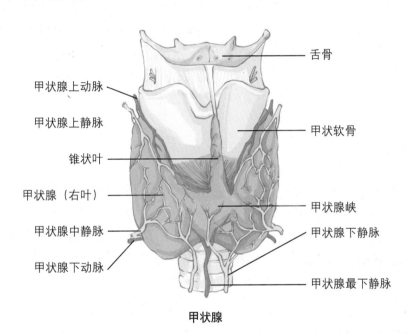

甲状腺上动脉
甲状腺上静脉
锥状叶
甲状腺（右叶）
甲状腺中静脉
甲状腺下动脉

舌骨
甲状软骨
甲状腺峡
甲状腺下静脉
甲状腺最下静脉

甲状腺

甲状腺

甲状腺位于颈部甲状软骨下方，气管两旁，形似蝴蝶，犹如盾甲，故名甲状腺，形如"H"，呈棕红色，分为左、右两个侧叶，中间以峡部相连。两侧叶贴附在喉下部和气管上部的外侧面，上达甲状软骨中部，下抵第六气管软骨处，峡部多位于第二至第四气管软骨的前方。有时自峡部向上伸出一个锥状叶，长短不一，长者可达舌骨，是胚胎发育的遗迹，常随年龄而逐渐退化。

甲状腺外覆有纤维囊，称为"甲状腺被囊"。此囊伸入腺组织将腺体分成大小不等的小叶，囊外包有颈深筋膜(气管前层)，在甲状腺侧叶与环状软骨之间常有韧带样的结缔组织相连接，吞咽时，甲状腺随吞咽而上下移动。

甲状腺能够分泌甲状腺激素。甲状腺激素能促进能量代谢，特别是促进物质的分解代谢，产生能量，维持基本生命活动，还能维持垂体的生理功能，能够促进发育。发育期儿童的身高、体重、骨骼、肌肉的增长、发育和性发育都依赖于甲状腺素，如果在这个阶段缺少碘，则会导致儿童发育不良。甲状腺激素还能促进大脑发育。在脑发育的初级阶段（从怀孕开始到婴儿出生后2岁），人的神经系统发育必须依赖于甲状腺素，如果在这个时期饮食中缺少了碘，则会导致婴儿的脑发育落后，严重时在临床上面称为"呆小症"，而且这个过程是不可逆的，以后即使再补充碘，也不可能恢复正常。

碘盐

碘盐是指含有碘酸钾的食盐（氯化钠）。由于中国大部分地区都缺碘，而缺碘会引起碘缺乏病（虽然碘是微量元素），所以国家强制给食用的食盐中加入少量的碘。人体内2/3的碘存在于甲状腺中，甲状腺可以控制代谢，同时又受碘的影响。如果人摄入碘不足，就可能引起心智反应迟钝、身体变胖以及活力不足。

碘摄入量过低引起的是碘缺乏病，但碘摄入过量也会对机体的健康造成影响。高碘对甲状腺功能的影响最常见的是碘致甲状腺肿和高碘性甲亢。高碘对智力的影响以及碘过量与智力之间的关系仅在近几年才引起了人们的重视。多项在人群中开展的流行病学调查都显示，高碘地区学生的智商明显低于适碘区。大部分动物实验研究也已证明过量碘负荷确实可使动物脑重量减轻，学习记忆力下降，虽然这种影响不如碘缺乏的作用明显。